沉　　　　香

张梵 著

沉　　　　香

棋　　　　楠

与　　鼻　　观

审图号：GS京（2023）0808号

图书在版编目（CIP）数据

玩香：沉香、棋楠与鼻观 / 张梵著. — 北京：中国林业出版社，2023.4

ISBN 978-7-5219-1946-2

Ⅰ.①玩… Ⅱ.①张… Ⅲ.①沉香 – 植物香料 – 基本知识 Ⅳ.①TQ654

中国版本图书馆CIP数据核字（2022）第205976号

策划编辑：樊　菲
责任编辑：樊　菲
内文版式 / 封面设计：北京五色空间文化传播有限公司

出版发行：中国林业出版社
　　　　　（100009，北京市西城区刘海胡同7号）
电子邮箱：cfphzbs@163.com
网　　址：www.forestry.gov.cn/lycb.html
印　　刷：北京利丰雅高长城印刷有限公司
版　　次：2023年4月第1版
印　　次：2023年4月第1次印刷
开　　本：889mm×1194mm 1/16
印　　张：12.5
字　　数：223千字
定　　价：78.00元

序言

我本不懂香，我的岳母懂。退休后的老两口从东北来到北京，在我家断断续续地住了十几年。进门儿第一件事，就在角落里辟出块干净地方，摆上香炉，燃起线香。每逢农历初一、十五，或是重要节日，更是洁衣净手，摆案焚香，口中喃喃有词，心中纯净虔诚。氤氲缭绕之间，七八十岁的老太太宛若少女，面颊泛出清纯的光芒，令人惊奇而感动。

从此，我开始关注香。由于工作变动，因职业需要，我对于有关香的事儿越发青睐。见到有关香的书就买，碰上有关香的文章就看，遇着有关香的门店就逛，十几年下来，对于香事有了基本的认知。从种类上来说，沉香、檀香、麝香、丁香、藤香、龙脑香、降真香、龙涎香、苏合香、玫瑰香、安息香……林林总总，难以胜数。从历史上来说，香性即人性从功能性的取舍，到氏族宗教性的选择，乃至更广泛的情愫希冀性的寄托，香的历史就是人的历史。从香的意义来说，不管是古希腊、古埃及、古印度、古阿拉伯、古印第安、古东亚文明以及后侪，还是当今西方与东方的区分，抑或是语言的称谓（英文"incense"指香料、香品，中文《说文解字》里的"香"指禾木和太阳的结合），香的意义均是愉悦、美丽、安好，甚至还有神秘的通达和超然……

近日，我读到一份书稿，关于沉香的。以前，见过不少关于各种香的指南、探秘、大全、手册等书籍，见得多了，大都是随手翻翻。此次翻阅这份书稿，让人耳目一新，爱不释手。一是写法很轻松。把沉香的正史、技艺、品鉴用俏皮的语气娓娓道来，融会贯通，一气呵成，寓教于乐，不时还抖个小包袱，像是郭德纲的相声，挺时尚，接地气。二是阐释了鼻观的概念。面有五官，感有四觉。相比视觉、听觉、味觉，嗅觉有时较受慢待。书稿引经据典，把品香置于审美的层面上，在鼻观与心灵之间架起座桥梁，立意高，有创见。三是故事性强。不管汉武帝、苏东坡、曹操、庄子、嵇康等知名人物，还是周嘉胄《香乘》、李时珍《本草纲目》、唐代《通典》、清代《崖州志》等历史典籍，或是香树、香农、香道、香战、香器、香景、香图等专业描述，书稿都尽可能地拟人化，最大程度地强调现场感，很亲切，很耐读。

望文生义，是读书的乐趣和境界。合上书稿，又见"玩香"书名，浮想起一些关于香的人和事儿。同是以文为生的我，难抑技痒和冲动，遂摘记如下：

小L，是位女性，快70岁了，比我年纪大。她性格活泼、随和、幽默，活得很阳光。她挺享受大家喊她小L，称呼别的反而不乐意。其实她经历很波折：从小到大生活很苦，工作上屡次变换职业和地方。按其自嘲说，未变的始终是低微的角色，人到中年把丈夫过成前夫，临近晚年与孩子远隔万里，身体还总出毛病。但她依然活得很阳光，因为她是位资深香客。她说：香治百病，尤其是情伤和心伤。我曾为她与一位老同事做媒，她很满意。可见面七天后未见回音，差我一问方知，老同事在老干部活动站有位暗恋者。那位大姐得知我的用意后，先骂老同事："你的心被狗吃啦！"再骂我："真不是个好东西！"骂声震破那层窗户纸，两个人转天就去北戴河旅游了。当我歉意地转告小L，她洒脱地说："没事儿，成功不一定在我。"又说："那位大姐不该骂你，你是个好东西！"

小H，仍是位女性。她年纪是真的小，起码比小L年轻一半。小H个头小，长得却很玲珑，是位东南山区小城的公职人员。她在当地负责一个香工作室，从香树培植、抚育，到香料的采集、提炼、调配及合成，她事必躬亲。由于整天与香打交道，她不施粉黛，却香气四溢，人称"香妃"。小H的香不仅让男人们着迷，女人们也寤寐求之。她还经常操办一些关于香的年会、论坛、展会，她所在的那座偏安一隅的小城成了"网红打卡地"，她自己也香友遍天下。小H还很豪气，酒量酒品酒风俱佳，端起酒杯来像东北大妞儿一样爽快，被其撂倒的男人女人们很少承认是醉酒的，只说是香熏的。一次，某位单身男士仗着酒胆求爱于她，小H道："我孩子都好大啦！"男士追问："什么时候离婚？"小H正色道："下辈子如果还搞香，把你往前排排！"

以上讲了两位女士的香故事，下面讲位男士的。他叫小X，来自广东的一个大家族。家里有经商的，靠产品加工及外贸成了当地首富；有从政的，官阶不高，却挺有实权；有为文从艺的，在全省乃至全国都很有名气。十年前他的春节家宴上，席后品茗聊天，大家同感虽较成功，但均遇人生瓶颈，一时茶热气冷。惶惑之间，他的老父亲望向族龛，那里的九柱高香正袅袅升腾。老父亲一拍大腿："咱的祖辈就是干香的，族谱上就记着：'守好一棵树，方能吃饱肚；点起一炷香，幸福万年长。'"众人茅塞顿开，齐声附和。小X等目标明确，动作很快：经商的投资转向，从政的辞职下海，为文从艺的策划推介，十年工夫不到，他们建起上千亩的沉香种植园，而且是加工、销售及研发、旅游全产业链，成为全国最大的沉香生产基群。

以上三个故事虽用化名，但绝非妄言。如能卒读，还得感谢这份书稿的作者。这次要用真名——他叫张梵，是位年轻的学者。张梵是科班出身，近年在家具、香道方面涉猎颇深且广，是专业论坛上的嘉宾常客，还在电视台上讲过香道。他还弹得一手古琴，我有幸当场欣赏，虽懵懵不解，仍痴迷于他的专注和逸情。之前他出版过一本关于明式家具的专著，我曾作序。此序被好事者放在网上，竟获得上百万次的点击。上次是他邀我，这次我要不揣冒昧，毛遂自荐，主动出击。

坦白点私心：每逢我从外面带份儿香回家，岳母都非常高兴。如果把这本书送上，老人家肯定会更高兴。

2023 年 3 月 15 日

前言

    闲时细想，我从业于中国古典香熏行业与中式香文化的传播，距今已经十三个年头了，若是算上父辈做香料生意的时间，笼统一算，也有二十多年了。二十多年算不得长，若是将它放入整个中国香学的历史中，不过是弹指一瞬的工夫；二十多年却也算不得短，若是将它放入当代中国的香熏行业发展史中，便占了很大的比重了。因为这个行业在中国，确实是一个如孩童般的新生行业。

    这么说并不是在吹嘘自己的从业时间长，抑或是彰显自己在行业中的地位，仅仅是表明我对于这一行的了解，起码已经不算浅了。而即便如此，香学于我而言，依然是一个神秘的存在，若是将它比作一位女子，那我这二十年的追求，也只不过让她为我淡淡地揭开了面纱，轻轻地与我打了照面。而她从未向我透露过心事，而我，也只能从一些旁枝末节中去推敲她的想法，揣测她的心意罢了。

    这就像是男孩追女孩，追的时间长了，猜心思的次数多了，虽然不至于立马得到对方的青睐，但两人的关系也或多或少会有一些变化，能多出一些羁绊来。男孩于是也会自以为是地有了一些心得体会，仿佛是对两人之间的关系多了一些总结。

    这便是我的状态。在香熏行业从业的时间长了，研究的时间多了，我便也能自以为是地去写一些东西，试图对中国的古典香学做一些探讨、分析和总结。心想着自己也是一个有点骄傲的人，若是十几年的相处却什么也没有得到，是绝对不能让自己心安的，于是，也便有了写书的计划。以中国古典香的历史文化为背景，基于现代中式香熏行业，去思考和探索中国人在物质和形式上与香之间的关系，希望能向当代的中国人阐述清楚中国式香的独特内涵和外延，这也算是我追求"香学美人"这么多年的一个阶段性回顾吧。

本书名为《玩香：沉香、棋楠与鼻观》，说的便是一种心态，就像孔子读《易经》。《易经》虽然烦琐且玄妙，但孔子说，不要太一本正经地去看《易经》，读《易经》要"玩索而有得"，在玩的过程中，便自然会有所收获。香学的内容庞杂，在学习的过程中，同样也应保持一种"玩索"的心态。

本书所讲述的，是我多年玩香的第一个主题，这个主题是"沉香、棋楠与鼻观"，在我看来，这三者实际组成了中国古典香在精神和美学上的呈现。

最后，以此书献给我的女儿乐知，希望她的未来也能与香相伴。

2023年3月1日

目 录

序 言

前 言

| 第一章 | 周嘉胄的爱好 | 001 |
| | ——玩香文化与雅趣 | |

| 第二章 | 苏轼的收藏 | 013 |
| | ——古时沉香之收藏 | |

| 第三章 | 母凭子贵的树 | 025 |
| | ——沉香之由来 | |

| 第四章 | 香农的职业身份 | 037 |
| | ——沉香结香原因 | |

| 第五章 | 微观世界的战争 | 049 |
| | ——沉香结香过程 | |

| 第六章 | 沉香、栈香与黄熟香 | 061 |
| | ——古代沉香分类体系 | |

| 第七章 | 学沉香就是要给它打标签 | 089 |
| | ——当代沉香分类方法 | |

第八章 懂沉香要学好地理 105
——沉香与产地分布

第九章 知香之乐 113
——沉香与香气品鉴

第十章 棋楠的难题 133
——棋楠之认知与品鉴

第十一章 玩香的终极——鼻观! 157
——沉香与气味美学

第十二章 沉香与棋楠手绘图谱 167

后 记 187

第一章

周嘉胄的爱好

《香乘》与它所传达的价值观

我们的这个故事，要从明末清初开始。彼时，江苏扬州有一位名不见经传的小文人，名叫周嘉胄。严格来讲，周嘉胄并不算什么有才华的文人，也没有什么常人不及的风骨和气节，但他却有一个颇为雅致的爱好，让他在充满了风骨和才华的历史长河中稍微留下了点印记，这个爱好便是"用香"。而为了能让自己和这个爱好更深地绑定，周嘉胄编纂了一部专门记录中国人用香的书，书名叫做《香乘》。

在《香乘》的序言中，他写道："余好睡嗜香，性习成癖，有生之乐在兹，遁世之情弥笃，每谓霜里佩黄金者不贵于枕上黑甜，马首拥红尘者不乐于炉中碧篆。"

这段话的大意是说：我这个人啊，尤其地喜欢香味，嗜好睡觉，对这两者的喜爱达到了一种上瘾的程度。所以我这辈子的乐趣无非就是这两件事了。人生漫长，我内心中想要逃离这个世界的欲望随着时间的流逝而愈发强烈，有时不禁会想，世上之人有多么想不开啊，整日忙于追逐的功名和财富，都不如躺在枕头上甜美睡上一觉；人们得了各种名利后四处招摇过市、拈花惹草，这在我看来也不如香炉里的一炉篆香来得令人愉悦和幸福。

周嘉胄的这番话叫作为自己爱香给出了原因，也借此表达个人的价值观，这种价值取向饱含着浓厚的自我放纵和遁世的倾向，禅客们或许还能从中发现一些禅意和看破人生的味道。古今中外，人类社会从来不缺乏像周嘉胄这样的人，例如，庄子和梭罗，前者回归自然与逍遥，后者反对机械与复杂。于周嘉胄而言，与其受困于求而不得的欲望，痛苦挣扎，倒不如安于现状，享受生活中最简单的快乐。

我们在赞叹这些人豁达、逍遥的人生态度时，却往往容易忽视这些内心价值取向的萌生，那些总是源自求而不得后的痛苦。例如，文人们总是感叹苏轼"小舟从此逝，江海寄余生"的旷达，却忽略了这份旷达来源于他谪居黄州后，陷入对自我处境与前景深深的无奈中。

人类总是求而不得，得而复失，不如意是生活的常态。当生活不如意时，多数人只能低下脑袋，默默忍耐，而文人们则乐于纵情而为，试图在这份不如意中寻求另一种快乐而有价值的生活。于是，有人放下生活，寄情山水，出门旅游一番；有人放下争斗，寄情于琴、棋、书、画、诗、酒、茶等艺术和雅趣，并以此彰显独特的品位，力图实现另外一种价值。

我们说的用香，便适用于这一途。

《香乘》一书是周嘉胄为自己对中国香学的热爱所编纂的一本书，它反映了中国文人寄情于用香的生活情趣。此书在当今中国香学及香行业中的价值，相当于陆羽的《茶经》之于当今的中国茶学与茶行业，可谓举足轻重。

首先解释一下书名："香"自然是代表了香学、香文化、香料等一切与主题有关的事物；"乘"字念"shèng"，不念"chéng"，翻译为"史乘"，意为史书。《香乘》可翻译为"中国人用香之史书"，《香乘》相当于中国香学中的《史记》或《春秋》。

《香乘》一书创作于明末清初，作者周嘉胄之生平事迹并不多见于记载，只知他除了编纂《香乘》，还编有一本讲述装潢的《装潢志》。可能是老周平日里过于淡泊名利，且睡觉的欲望又极其强烈，所以整日忙着会周公去了。

严格来讲，《香乘》一书也不能算是周嘉胄的创作，书中大量引用了前人的文章，包括了《南越志》《星槎胜览》《南番香录》《本草纲目》《香录》等书，引用的颇为详尽。用现在的话说，《香乘》只能算是编，根本算不上著。话虽如此，但《香乘》一书价值依然颇高。须知关于中国香学内容的记载，本来就很少有单独成书的。中国古代各阶级用香的记录往往掺杂在各类地志、方志、药学、游记散文之类的文章中，这其

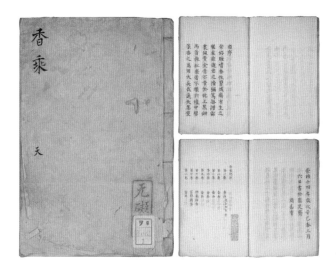

《香乘》封面与内文
《香乘》原书编写于明末清初，后载入清代《四库全书》，我们现在看到的便是这个版本

中大量都是冷门书籍中的只言片语，所以周嘉胄能将其一一摘取，汇成一本，确也省去了后世爱香人极大的考证功夫。打个比方，《香乘》就相当于中国古代香学的搜索引擎，是香师们的"懒人福音"。

《香乘》几乎收集、记录了中国古典用香的各个方面：从香料的产区、特性，到香在贵族、文人、生活、宗教、民俗等方面的使用特点，再到香料的炮制、香方的搭配，一应俱全。老周创作此书，可谓煞费苦心。而这一切，也确如他所言，并非为了流芳百世或追名逐利，仅仅源于自己对香的爱好。

这一爱好，不仅散落在中国古典文献的记录中，同样也是中国古典文化的重要注释。如周嘉胄一般，对香如此痴迷的人还有很多：贵族中有南唐的后主李煜，这位历史上著名的亡国之君，同时也是著名的调香高手，有名方"江南李主帐中香"，今日称为"鹅梨帐中香"；明宣宗朱瞻基，痴迷用香，爱赏香炉，制作了名扬后世的宣德炉。文人中，苏轼是好香的代表，他为沉香作赋，焚香入静，后人为纪念他而作香方"二苏旧局"。在玩香的世界里，古时的匠人们也不遑多让。洪刍在《香谱》中记载了这样一位民间艺人：这位"尚奇者"能制作篆香，其刻度分为十二个时辰，一百个刻度，从点燃至燃尽，恰好过了一日一夜。

以上这些爱香之人不过是冰山一角，翻开史书，用香的典故处处可见。香文化融进了中国古代贵族、文人们的生活中，蔚然成风。它不仅是一种独特的爱好，已俨然发展成一种美学和雅学。它让爱香者获得了诸多的精神享受，同时也赋予他们一种卓然而不流俗的雅致身份。

这些风雅之人中，周嘉胄又是最独特的一位。旁人对香的喜爱，是把香当作生活的调剂，而他对香的喜爱，就像是热爱生活本身。他好睡嗜香，似乎由此退出了繁杂的尘世，逃离了充满着钩心斗角、追名逐利、尔虞我诈的世俗。他选择宁静、安逸、淡然的生活，令我们不禁感叹：周先生竟有如此的雅兴和心胸，我们现代人可否也这般地投入到爱香、玩香的生活之中呢？

可惜的是，这很难做到，这并不是因为现代人比古人浮躁或缺乏雅趣，也不是因为现代人过于看重名利，而是因为用香，实实在在是一件很费钱的事情！文人们所用的香品通常都是名贵香料，而它们着实来之不易。虽然周嘉胄从来没有提过他用香的费用问题，但我们有理由相信周嘉胄先生有着足够殷实的家底，能够在明末清初这一乱世之中支撑着自己安逸地用香和睡觉。

篆香
一种古典用香的方法，可
用于香熏、计时

什么是名贵香料？

接下来，我们便来讲一讲"名贵香料"。在中国古代，可以被冠以"名贵"二字的香料主要有以下几类：第一类是原始材料较为稀缺的香料，如沉香、檀香、龙脑香、麝香、龙涎香，这几种香料时至今日依然昂贵；第二类是古时中国本土不产而需要进口的香料，如乳香、鸡舌香（母丁香）、安息香、苏合香，这一类香料在贸易和物流能力落后的古代中国价格高昂，如今倒是便宜不少；第三类是受到技术限制而稀缺的香料，如玫瑰花和玫瑰水，时至今日玫瑰花早已不是什么稀缺香料，可供选择的品类也足够丰富，但根据《香乘》记载，古时的蔷薇水（玫瑰花水）属于贡品级别，十分珍贵。

如果说香料都是艾草、白芷等随处就能采摘的，随便谁都可以使用，那还有什么卓尔不群可言，更不要说以用香来象征身份了。简而言之，用香这一爱好之所以高贵和优雅，是因为它的选材确实很贵。

当然，古人也会选择一些便宜又好闻的香料来使用，如梅花。梅花香气清幽，甜而不腻，颇合儒家文人"中正不妖"的审美倾向，故有"梅花香自苦寒来"的励志之

炼蜜

方法是将蜂蜜煮过，脱去其中部分水分。蜂蜜在和香中一般作为黏合剂使用，同时具有防腐的功效

言。在梅花绽放之时，我们当然可以采几枝梅花放在室内，充当香氛的作用（这样费用自然就降低了）。但追求极致的中国古代文人们认为，单一的梅花香气是不足的，而且鲜梅花的保存周期太短，只能在花期使用，故而无法满足好香者随时取用并且保持香气不断的需求。所以古代的和香师们想出了新的方法——他们通过炮制和调配手段做出了可以长久保存的梅花香。

周嘉胄的《香乘》中便记录了制作梅花香的几个和香香方：

梅花香（武冈公库《香谱》）

沉香五钱，檀香五钱，丁香五钱，丁香皮五钱，麝香少许，龙脑少许。右除脑、麝二味乳钵细研，入杉木炭煤二两，共香和匀，炼白蜜杵匀捻饼，入无渗瓷瓶窨久，以玉片衬烧之。

但即便是调和的方子，也同样体现了"贵"的特点。且不说炮制方法的烦琐精细，单是香方中使用了沉香、檀香、麝香、龙脑等诸多名贵香料，便成本不菲。如此耗费，目的只是搭配出一款可以燃烧、炙烤且随时使用的梅花香，从而满足好香者特殊的香气需求。

还有一个便宜些的方子：

梅花香（沈立之《香谱》）

玄参四两，甘松四两，麝香少许，甲香三钱（先以泥浆慢煮，次用蜜制）。右为细末，炼蜜作丸，如常法爇之。

这个方子用的香料虽说是略微便宜了些，但调和时作为黏合剂使用的蜂蜜在古时仍是价值高昂的原料。

一般家庭吃都吃不到的蜂蜜，居然用来做香，简直是煮鹤焚琴、暴殄天物！但话说回来，若是煮鹤焚琴能焚出香气，有钱的贵族怕也会不惜一试。

不论古今，文人雅士们若想要像周嘉冑一样把用香作为一种生活爱好，甚至沉迷于此，把香变成遁世安居的精神食粮，以名贵香料突显自我不凡的身份与品位，不具备一定的经济基础是做不到的。

经济上有了保障，才能好好玩香，才能够不羡"马首红尘者"，而"乐于炉中碧篆"。

而"炉中碧篆"也确实令人迷醉，这些甜蜜的香气让人产生麻醉般的欢愉。人之天性便是追求那些甜蜜、温暖、馥郁、醇厚的香气。这些气味令人意欲沉浸在舒适的生活之中，陶醉在美妙的香气里，哪里还有为名利而奋斗的动力？

和香用的各种香料
和香是一种将不同香料融合在一起，制作出复合香气的技艺

曹操就深谙这个道理，史书记载他虽藏有大量沉香，但自己却很少使用，并在死后将所留的各种香料分给了自己的妻妾，而非子嗣，恐怕美好的香气消磨了他们奋斗的意志。

如此说来，以香为爱好，似乎带有一些奢靡和玩物丧志的味道。那用香究竟代表的是文人的风雅脱俗，还是贵族的骄奢淫逸呢？玩香，实则是将这两者充分融合到了一起，从而产生一种独特而又有趣的文化形式，并于其中映射出中国人独特的审美与逸趣。

贵族与文人的用香情结

最初，用香这一行为是文人雅士用来表现德行、抒发情怀的。这种使用香的方式可以追溯到先秦时期，彼时大文豪屈原就曾在江边高声吟唱："扈江离与辟芷兮，纫秋兰以为佩。"意为把江离、白芷一类的香草披在身上，再把秋天的兰草缝制成小香囊来佩戴。在屈原这类有着崇高道德和精神追求的文人看来，把香草戴在身上，让身体散发出愉悦、芬芳的气味，这可不单是个人卫生情况良好的表现，同时也表现出个体具备了高尚的道德与情操，它是一种属于高雅阶层的高级趣味。在"屈原们"的推动下，文人阶层逐渐形成了一种心照不宣的思维逻辑：如果一个人的道德足够高尚，那他的身体就会相应产生愉悦而芬芳的香气。

于是，屈原笔下的"香草美人"，便成为一种道德高尚、品行贤良的形象象征。

我们可以想象屈原先生冲着那些不佩香还散发体臭的同僚们怒斥的声音：看看你们这帮人，身上居然连香草都不戴，德行在哪里，节操在哪里！

彼时的这种对香的爱好与其说是对香气的喜爱，倒不如说是对用香这一行为的象征意义的崇拜。

文人们焚香之风的盛行，大约要到秦汉前后。先秦时期，受限于交通、贸易和国家版图，人们所采用的香料多数还是以产自中原地区为主的，以"兰、桂、蕙、芷"为代表的草本型香料。这些香料的油脂含量较低，用于佩戴，香气尚且怡人，一旦被焚烧，就会产生一种有如"烟烧火燎"的刺激感，气味偏于焦苦，故不太入品。高品级的香料多产自中国广东、广西、海南，以及南洋的国家。周嘉胄在《香乘·卷一》

中就说道："香最多品类，出交广崖州及海南诸国。"而这些地方的香料资源，汉代以前是很难获得的。

到了汉代，随着中国版图的扩张，贸易的完善，香料中便有了"沉、檀、脑、麝"的说法，指的便是沉香、檀香、龙脑、麝香一类的香料。这些香料油脂丰富，在焚烧或加热后能产生温和、甜蜜甚至清幽的香气，因而颇受贵族与文人的喜爱。

在汉代贵族阶层的推动下，用香的精神内涵发生了细微的变化：用香不仅是个人修养和道德的体现，它同时也表征使用者的身份和地位。自此，用香便有了财富与权势的象征意义。

到了魏晋时期，文人们继承发展了先秦佩香的礼仪，又延续了汉代贵族焚香熏料的用香方式，形成了一种有趣的以香熏衣的风尚。熏衣是指用香熏的方式将名贵香料的香气熏染到衣服上，再穿香衣携香而走。三国时，曹操的谋士荀彧便是其中高手，《艺文类聚》记载了荀彧用香的典故，令人叹为观止："荀彧在汉末曾守尚书令，人称荀令君，得异香，至人家坐，三日香气不歇。"

古人形容音乐动听，常用"绕梁三日，袅袅不绝"的说法，描绘了音乐所产生的韵味和意境令人长时间难以抽离的心理状态。而荀彧的用香不仅是精神上的不散，不知他究竟用了何种异香，竟然也能达到物理上"三日不散"的效果。荀彧时任尚书令，也称"令君"，于是"令君香"一词就此诞生。此词在后世的流传中，成了如同"潘安""宋玉"一般专用于形容男人风流倜傥的词。

魏晋文人以香熏衣的风尚十分流行，乃至成为上层社会的一种流行文化，雅士们为此互相攀比，于是笔者推测可能会发生如下一幕：

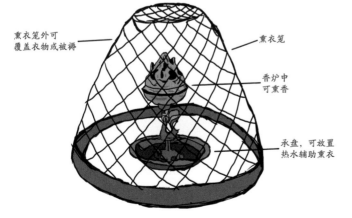

熏衣笼外可覆盖衣物或被褥

熏衣笼

香炉中可熏香

承盘，可放置热水辅助熏衣

古代熏衣示意图
文人用香熏衣，将香炉燃香放置在香熏笼中，并放置热水，用于蒸腾香气，使香气附着在外侧衣物上

某日，文人甲接到一封邀约，上书："甲兄安康，多日不见，甚为想念。明日吾将于陋室静斋中举办雅集论学，已邀请名士乙兄、丁兄与丙兄。众人皆知甲兄您高才阔论，均十分仰慕，盼一睹甲兄之风采，故欲邀甲兄为上宾。望兄当仁不让，切莫推迟，小弟顿首。"

文人甲一看，又是一次扬名的好机会，赶紧唤来仆从："汝速去取一两沈水香，焚烧于熏笼之中，同时置一盆热水。将吾之外衣，纶巾覆于熏笼外。切记，今夜香断不可灭，水万不可凉！"

于是香熏一夜。

次日一早，文人甲起床后算好时间，先命仆从备好马车，将内服穿戴整齐，再把熏了一夜的外衣与纶巾穿上。经过一夜香熏的华服，香气十分浓郁。为防止香气外泄，文人甲两手握紧外衣袖口，小心翼翼地踏上木屐，登上马车，一路正襟危坐，直至约定地点。

到了约定的地方，文人甲见众人果然以翘首之姿盼望多时，他不慌不忙，缓步踱上堂前，稳稳坐在上座，面色淡然，双手紧握的衣袖向外潇洒一甩，沈水香那甜蜜、温润的香气立刻四溢而出，宛若一阵香风席卷大堂，直奔众人的鼻腔。堂下的文人们一见此场景，无不啧啧称奇，纷纷赞叹："甲兄果然名士风度，大儒！大儒啊！"

此时文人甲淡然一笑，心中颇为满意：自己尚未开口，名士的风度已然震慑住全场。

从文人的角度来看，香的爱好是道德、身份、风度的展现。对贵族阶层而言，香气除了时尚与身份外，还蒙着一层玄学的神秘色彩。宋代《奚囊橘柚》中有一段记载汉代李少君为汉武帝治香的描绘，堪称奇绝。

帝事仙灵惟谨，甲帐前置灵珑十宝紫金之炉，李少君取彩蜃之血，丹虹之涎，灵龟之膏，阿紫之丹，捣幅罗香草，和成奇香。每帝至坛前，辄烧一颗，烟绕梁栋间，久之不散。其形渐如水纹，顷之，蛟龙鱼鳖百怪出没其间，仰视股栗。又然灵音之烛，众乐迭奏于火光中，不知何术。幅罗香草，出贾超山。

大意如下：汉武帝对仙灵之事的关注，尤其上心。于是他在自己的甲帐前面放置了一个玲珑十宝紫金香炉。李少君用彩蜃的鲜血、丹虹的口水、灵龟的脂膏、狐仙的内丹，加上奇妙的香草制成奇香。汉武帝走到香炉旁边，就烧了一颗奇香的香丸。香丸产生的香气绕着栋梁，久久不散，烟气的形状像水波一般。过了没多久，蛟龙、灵龟、百怪都汇聚过来，抬头看着香，双腿发抖。又过了一会儿，汉武帝点燃了一种能发出音乐的烛火，各种音乐于是在火光之中形成协奏曲。真不知道李少君用的是什么奇特的法术！

李少君是汉武帝身边的方士，侍奉于汉武帝，其职位相当于汉武帝日常修炼道法、修身养性的顾问。在这段记载中，他为汉武帝所调的香已经超出了世人的认知，而这种超现实的玄幻做法也正是方士的特殊技能。以现代人的眼光来看，方士们所鼓吹的"长生不老，羽化登仙"显然十分荒谬。但对于汉代的当权者而言，不管他本人是否相信这种修习方法的真实效果，他都可以好好利用这种形式独特的神秘感，以更好地维护统治阶层的特殊身份带来的源自民众如敬神般的崇拜。

于是，在汉武帝这头"领头羊"的带动下，后世的帝王们将香玩得更加炉火纯青。奢贵、神秘、玄幻成了日后帝王用香的几大标签。隋炀帝夜火烧沉香山，唐玄宗修建沉香亭，李煜作香诗词……香仿佛成为各个时期帝王们彰显地位的标志。

贵族们不仅自己用香，有时候还要以香为内容比试一番。这种以比香为内容的聚会，史称"斗香"，流行于唐宋时期。《清异录》中记载了唐代的一次"斗香"会："唐中宗时，韦后与宗楚客兄弟、武三思、纪处讷等，各携名香，比试优劣，名曰斗香。"在斗香的过程中，比试者各自带着私藏的好香，当众焚烧或炙烤，比拼香气的优劣。斗香过程中所用的香，总体而言不外乎"沉、檀、龙、麝、脑"这几类名贵香料单品或搭配。这些香料名贵且罕见，也绝非寻常百姓家可以负担的。

在中国历史上，不管是贵族还是文人，只要能把玩香当成一种爱好，必定是具备了一定经济条件和社会地位的人。换句话说，所有的爱好，高贵也好，风雅也罢，若是没有一定的物质条件支撑，就像是空中楼阁一般毫无立足之地。所以，不是俗人不爱香，而是爱香无俗人，今日也是如此。回到明末清初，周嘉胄先生在编纂《香乘》的时候，他的内心肯定是非常清楚的。只不过他无须讲得太过明白，懂的自然懂，不懂的说了也没用。

在《香乘》所记载的众多香料中，有一种最为特殊的香料，周嘉胄用了大量的篇幅来描述：这是一种横跨收藏界和用香界的香料；是一种在气质上包含了贵族用香奢华与文人用香风雅的香料；是一种古往今来颇受各个阶层青睐的香料；是一种香气神秘、变化复杂的香料。

它是本书的主角——沉香。

各种造型的沉香

第二章

苏轼的收藏

沉香的收藏价值

在介绍沉香之前，我们先来谈一谈收藏。

收藏是一种普遍现象，人类天性中就倾向于把自己喜欢的事物占为己有并妥善保存，从根本上讲，这似乎是一种占有欲的体现。有时候这些事物并没有具体的实用性，但我们就是喜欢，就是渴望得到，这种占有的欲望深埋在内心深处，欲望越强，埋得越深，则越是让人魂牵梦绕。当这种收藏欲强烈的时候，我们会为得到去追寻、奋斗，费尽心思去占有，虽然我们或多或少知道这种拥有必然伴随之后某日的失去，但是得到的快乐和得不到的痛苦永远在鞭策着我们。

观察小孩子对待玩具的态度时，你会发现这样几个有趣的事实：没能买到的玩具，永远是最好玩的玩具；一件玩久了的旧玩具，大家一起玩的时候会更开心。

这种现象在成年人的世界依然存在：一些大收藏家们在晚年都愿意将自己的藏品捐献出来。一是他们多数意识到自己与钟爱的藏品缘分将尽，不如捐献图个好名声；二是在长时间的占有之后，那种拥有的快感消失殆尽，而分享能带来更多的精神愉悦。当收藏进入某一个境界的时候，获得的快乐自然会被分享的愉悦所替代。

在《黄帝内经·素问》中有一个非常著名的养生论调——"四气调神大论"，讲述的是在一个以一年为循环周期的自然变化下，人体的适应和养生的方法。方法最终归纳为对应四季的"春生""夏长""秋收""冬藏"四个阶段。四气调神大论以此为基础讲解了生命能量如何与天气变化相融合，从而在阴阳转变中流动和更迭。"生"与"长"是能量的外化，"收"与"藏"是能量的内收。若是从中国人这种朴素哲学的角度来解释"收藏"，那"收藏"二字其中也带有一些独特的趣味：收藏是指某种能量从无形逐渐向有形汇聚的过程，最终形成某种实质，而这种实质就是价值。

从经济学角度分析，具备收藏意义的东西，必然具备价值，其价值不仅是人类劳动的价值，也包含自然资源的价值。所以，当我们去判断一件被我们称为藏品的事物的收藏价值时，便可以理解为我们在探寻它其中究竟凝聚了多少能量，这个能量可以是历史文化，比如文物、古董；也可以是艺术价值，是创作与美学能量的凝聚；还可以是资源能量，是自然界能源物质的凝聚。总而言之，这些能量最终决定了一件器物收藏价值的高低。

最后，价值还会去结合两个特定的外因条件——稀缺性和市场因素。"物以稀为贵"一直是收藏市场的铁律，而市场和资本是否热炒也会很大程度影响一件收藏品的市场价值。这就类似我们常说的"盛世古董，乱世黄金"。

我们花了以上的篇幅去介绍收藏的意义后，接下来，我隆重介绍一下本书的主角，中国古典香学中少有的具有极高收藏价值的香料——沉香。

在中国的历史上，沉香首先是以收藏品的身份进入中国人的视野中，时间在汉代。《西京杂记》记载了汉成帝期间的一桩逸事："赵飞燕为皇后，其女弟在昭阳殿遗飞燕书曰：'今日嘉辰，贵姊懋膺洪册，谨上襚三十五条，以陈踊跃之心：……青木香。沈水香。香螺卮（出南海，一名丹螺。）'"宠妃赵飞燕收到礼物中的"沈水香"便是沉香。

汉代的贵族们虽然一直喜爱并沉迷于沉香的气味，但实际上他们并不十分在意沉香的来历。只是他们那被各种苦味本草折磨多年的嗅觉忽然闻到了沉香甜蜜而丰润的香气后，便一发而不可收了：从汉代到清朝，中国的皇室使用沉香的记载就从未中断。

大约到魏晋前后，才慢慢出现各种记载了沉香形成和分类的书籍，人们逐渐开始探索这种香气的由来，并意识到它的珍贵性。直至唐宋，国内的沉香产量已经远不能满足于各种消耗了，在与东南亚各个国家的贸易中，丰富的海外沉香资源进入中国，各类沉香也成为当时贸易往来的重要内容。不过根据各类文献的记载，中国人似乎更习惯于本土海南沉香的气味。当时文人们将贸易而来的沉香称为"蛮沉"，与之相对应，将海南所产沉香称为"天香"。

清代棋楠手串
收藏于天津沉香博物馆

沉香名片

姓名： 沉香、沉水香、沈香、沈水香……名字实在太多，我们先挑几个好记的记住。

由来： 沉香属于自然资源型的收藏品，它的"母亲"被认为是瑞香科沉香属下的几个沉香树种，当然沉香还有"父亲"，这个我们晚点再说。

使用价值： 沉香的使用价值主要由香料、药材和工艺品原料等几个部分组成。

历史文化价值： 沉香从汉代开始就是一种珍贵的自然资源，流传下来的沉香工艺品并不多见，其历史价值视具体情况而定。

资源价值： 沉香有着无与伦比的香气，被誉为"诸香之王"，四大名香"沉、檀、脑、麝"之首。

稀缺性： 沉香是稀缺资源，但它并非不可再生资源，只是再生的速度要远远慢于人们对它的消耗速度。如果范围缩小到高品级沉香，几乎可以认为是一种储量有限的不可再生资源。

市场热度： 目前已经被市场热炒过几轮，价格相比十年前有很大提高，现阶段市价比较稳定。在中国、中东、日本三大沉香主要的消费市场中，中国价格相对高一些。

现今留存下来的古代沉香收藏品并不多见，且大多数是明清或更近时期所留存下来的。其中一个原因是沉香本身作为一种木油混合物的有机物，其保存时间要远短于玉石、瓷器、矿物之类的无机物收藏品；另一个原因便是沉香在历史上更多地被作为一种香料耗材消耗掉了，这种消耗有时候非常粗放。

大文豪的沉香缘分

大文豪苏轼便深恶痛绝于那种肆意破坏沉香资源竭泽而渔的行为，且他本人与沉香之间也有着十分深厚的缘分。

作为宋代的文坛领袖，著名的文学家、书法家、词人，苏轼有着传奇的人生和无数传世的顶级作品。而我们多数读过他的《赤壁赋》《水调歌头》，或临摹过他的《寒食帖》，但很少有人知道苏轼十分喜爱沉香并与沉香有着密切的缘分。

这缘分与一道圣旨有关：

> 若讥朕过失，亦何所不容，乃代予言，诬诋圣考。乖父子之恩，绝君臣之义，在于行路，犹不戴天，顾视士民，复面目何？汝轼文足以惑众，辩足以饰非，然而自绝于君亲，又将谁怼？

这是当朝皇帝宋哲宗贬谪苏轼的圣旨，字里行间充满了对苏轼的怨恨，展露了自己一颗幼稚、敏感的内心："你小子要是嘲笑我本人，我如此宽宏大量的人，当然不跟你计较，但是你居然胆敢诋毁先皇帝。你辜负父子间的恩情，断绝君臣间的大义，你干的这破事就算普通人都难以忍受，更何况我是人君。我不惩罚你，我有什么面目面对我的部下和子民。你小子文章写得好却拿来忽悠人，口才好却拿来掩盖自己的错误。你自己断绝我的亲近，你还想怪谁？"

苏轼年轻时曾因政见不合而反对当权者，犯下"乌台诗案"，被逮捕入狱惨遭打压；如今新皇帝登基，又重起旧账，清算苏轼。顾虑于苏轼极大的文坛声望，宋哲宗决定彻底剥夺苏轼的政治生命：我不杀你，但你给我有多远滚多远！

海南尖峰岭沉香产区

　　苏轼领了旨,便开始了他晚年的漂泊之旅,先到广东,再到海南。在中国宋代的官场上,常有官员遭受这样的贬谪,名义上为职务调派,实际则是流放政敌的政治手腕,让被贬谪的官员到一个偏远的角落从事艰苦的工作,就这样了此残生。

　　这于苏轼而言,其实是一种莫大的痛苦。苏轼的晚年一直是在这种颠沛流离中度过的,他文坛领袖的地位与政坛理想破碎的落差,造成了精神上的伤害,于是寄情山水成为排解这种痛苦的重要手段。广东和海南恰是中国沉香的重要产区,苏轼幸运地找到了沉香,便和沉香结下了流传千年的缘分。

　　苏轼在晚年的诗词作品中经常提到沉香。如这首讥讽官场上浪费沉香行为的《和陶拟古九首其一》:

　　　　　　　沉香作庭燎,甲煎粉相和。

　　　　　　　岂若炷微火,萦烟嫋清歌。

　　　　　　　贪人无饥饱,胡椒亦求多。

　　　　　　　朱刘两狂子,陨坠如风花。

　　　　　　　本欲竭泽渔,奈此明年何。

　　这是苏轼所作的“和陶诗”之一,应和的是东晋田园诗人陶渊明。开头四句以沉香开篇,描述苏轼有一次看到一个大户人家把大量的沉香放在庭院燎烧,然后拿甲香粉去应和香气的场景,这期间烧掉了不少沉香。苏轼觉得这么烧沉香简直太浪费了,于是发出感慨:如果拿小火去炙烤沉香,让香气飘出来,就好像吟唱清歌一样,清雅细腻,不比直接燎烧强得多?

从这里我们就能看出文豪和土豪之间的区别：从文豪的角度来看，情感产生的细腻变化才是重要的，所以燃香的重点是审美，如沉香香气产生的嗅觉美，应该像清歌一样清澈、柔和、缭绕才合理。清歌是空灵而悠扬的，不应该用太复杂的配乐应和，而且清歌是轻灵的，更不能放开嗓门大声吼，所以用沉香还是需要"微火"，需要感受"萦烟"，也不需要用别的香来配合。土豪的逻辑是，沉香味道好闻，我就多烧点，这还不够，我还要加上甲香粉，让味道更加突出。我得在庭院里燃烧，不然别人哪能闻到这气味，哪能知道我家有钱！

下面文豪开始骂土豪了，苏轼写道："贪人无饥饱，胡椒亦求多。"讽刺的便是土豪的用香心态：用香的时候毫无知觉，什么都要多的、浓的，那沉香和胡椒有什么区别。

这首诗的后四句，苏轼又开始讽刺宋代盲目开采沉香的恶劣风气："朱刘两狂子，陨坠如风花。本欲竭泽渔，奈此明年何。"

苏轼所骂的"朱、刘两狂子"，是当时海南的地方官员。这二人为了溜须拍马而给上级供沉香，想要将沉香资源"竭泽而渔"，完全不顾后人。这样的恶劣行为也给后世海南沉香资源的严重匮乏埋下了隐患。

在对沉香的使用上，以苏轼为代表的文人品香派历来就倡导采用一种细腻、精致的使用方法，如此不仅可以追求沉香所带来的细致的气味变化，还能由此产生品香后的情感变化，进而上升至修身养性的高度。通过品香，感受细腻，再使审美提升，修持品性，这是完整的文人用香逻辑。苏轼便是如此通过沉香来表述情感，排解痛苦，最终安定自己的精神。

苏轼晚景凄凉，弟弟苏辙也好不到哪儿去，兄弟二人同病相怜，经常相互通信，互诉愁肠。沉香成为两人间时常沟通的内容，也是借以抒情的意象。

苏辙在《次韵子瞻和渊明拟古九首》中一首回复苏轼，其中也提到了沉香：

> 钽田种紫芝，有根未堪采。
>
> 逡巡岁月度，太息毛发改。
>
> 晨朝玉露下，滴沥投沧海。
>
> 须牙忽长茂，枝叶行可待。
>
> 夜烧沉水香，持戒勿中悔。

苏辙这篇诗文的内容也颇为感伤：在时代的洪流中，人的命运总是充满无奈，平民百姓如此，文人雅士又如何躲得过去。苏辙的惆怅最后回归平静，他表达平静的方式，便是诗文最后一句：在夜里烧一炉沉香，修持内心。

二苏的修持与《沉香山子赋》

在弟弟苏辙六十岁生日的时候，苏轼送了他一块海南的"沉香山子"作为生辰贺礼，并作了一首《沉香山子赋》助兴，这篇赋文辞藻华美，想象奇绝，在所有描写沉香的篇章之中，无能出其右者。苏轼在作完此赋两年后过世。

沉香山子赋

古者以芸为香，以兰为芬，以郁鬯为祼，以脂萧为焚，以椒为涂，以蕙为薰。杜衡带屈，菖蒲荐文。麝多忌而本羶，苏合若芗而实荤。嗟吾知之几何，为六入之所分。方根尘之起灭，常颠倒其天君。每求似于仿佛，或鼻劳而妄闻。独沉水为近正，可以配薝卜而并云。矧儋崖之异产，实超然而不群。既金坚而玉润，亦鹤骨而龙筋。惟膏液之内足，故把握而兼斤。顾占城之枯朽，宜爨釜而燎蚊。宛彼小山，巉然可欣。如太华之倚天，象小孤之插云。往寿子之生朝，以写我之老勤。子方面壁以终日，岂亦归田而自耘。幸置此于几席，养幽芳于悦纷。无一往之发烈，有无穷之氤氲。盖非独以饮东坡之寿，亦所以食黎人之芹也。

沉香山子
"生结"沉香的外形多样，有些很像假山，古时称为"山子"

在这篇赋中，苏轼把沉香独特的气质与他超凡的想象力结合到一起，并借助古典香学的内涵抒发自己对弟弟深厚的感情和对人生的独特领悟。从赋中，我们可以深切地体会到苏轼对弟弟的拳拳真情，以至于笔者在读此赋时产生了一种由父亲写给儿子的错觉。

此赋的第一部分讲的是中国古典香学中经常发生的香事及苏轼的理解：古人用芸草和兰草做香料，用香酒来待客，用萧来祭祀，用椒来涂抹身体，用蕙草（即零陵香）来熏衣服。杜衡和菖蒲不可过量使用；麝香使用有忌讳而且本味腥膻；苏合香看似香料，其实属荤，多用会乱性。

苏轼在罗列了这些香料的特点后，忽然笔锋一转，开始为自己居然产生了如此多的分别心而叹息，紧接着他自嘲道：我又知道什么啊，还不是因为六根不净才有了分别心，脑子里无时无刻有念头的起灭，导致真正的内心无法自控，只能被感官牵引着走了。这一段苏轼讲的是自己学佛的领悟：禅宗认为人的内心之所以无法得到清净，是因为无时无刻不在起灭各种心念。人是很容易被"色、身、香、味、触、法"这六根所牵绊的，苏轼认为自身也是这样的状态，无奈而发出了感慨。

苏轼接着说自己"每求似于仿佛，或鼻劳而妄闻"。在宋代时，流行一种称为"鼻观"的闻香方式，闻香者通过嗅觉来追寻香气，在脑中产生一种"仿佛"的感知，从

蕙草

麝香

胡椒

而在品闻后获得心情的平静。苏轼说自己试图通过闻香寻求安宁却始终求而不得，获得的只有鼻子的劳累。

此赋到此处只不过是引子，随后才终于出现了沉香。苏轼认为只有品闻沉香才能"近正"。"近"是靠近的意思，"正"指的是中国古代文人雅士所追求的正确方向。苏轼觉得只有沉香才是"方向正确"的香气，而能与沉香并称的，也只有薝卜。

这一段文字之后，苏轼开始延展全赋的核心，疯狂地歌颂海南沉香，"既金坚而玉润，亦鹤骨而龙筋。惟膏液之内足，故把握而兼斤。"这几句话精准而富有想象地把沉香的独特性描绘了出来：质地像黄金一样的坚硬，又像美玉一样的温润，像仙鹤的骨头和龙的筋一样稀有而富有灵气。沉香里面有充足的膏液，所以即使小小一块可以握在手里，也有很沉的分量。

接下来一句是："顾占城之枯朽，宜爨釜而燎蚊。""占城之枯朽"指的是宋代产自海外的沉香品种。在沉香的诸多产区中，苏轼显然最心仪海南沉香，夸完了海南沉香，还不忘随口嘲讽一下占城的沉香来衬托海南沉香。苏轼说占城（一般指现在的越南芽庄）的熟香（沉香的熟香一般在枯木中获得，所以叫"枯朽"），比较适合用来煮饭和熏蚊子。这句话前后并无关联，拿掉也不影响全文，如果并不是作者随口的一句，那只有一种解释：在当时占城的熟香也是十分名贵的，但是与海南沉香一比，品质就差远了，就只能用来做饭和驱蚊了。这就好比夸奖某人长得美，并不直

薝卜
薝卜的气味被认为是一种颇有佛韵，能帮助人成佛的气味。如《宗镜录序》写道："步步蹈金色之界，念念唤薝卜之香。""薝卜"一词音译自梵文，指的是郁金

接说，而是以反衬的手法来一句：我看西施和昭君啊，在您旁边一站，就可以直接安排去厨房煮饭了。

随后，苏轼开始形容自己赠给弟弟的这块沉香：形状别致，如同小山，山峰突兀，值得玩赏。这块沉香显然具有中国古代文人喜爱的奇石异状，如此才引起了苏轼奇绝的想象和比喻：像倚天的华山之巅，像穿过云霄的孤峰矗立。

在说完沉香之后，苏轼开始了对弟弟的忠告，这一段行文一改他往常的豪放和浪漫，写得颇像一位忠厚老父的唠叨：子由啊，我祝贺你生日快乐啊。我一个老头，没啥东西能给你的，给你写了篇文章，送给你看看吧。你啊，天天面壁修行，有空也可以去田里劳作。我把这个沉香摆件送给你，放在你的桌上，可以把你的房间都熏养出香气。沉香的香气可不是一种突兀、刺激的烈香，它会慢慢地释放出淡淡的、时隐时现的清香。我一个海南老头，没啥东西，这一点点微薄的礼物，你请收下吧。

苏辙读到了哥哥的赋文，也收藏了哥哥的沉香贺礼，他颇为感动，两个老人仿佛回到少年时于蜀中读书、嬉戏的时光。苏辙随后也回礼了一篇《和子瞻沉香山子赋（并序）》：

仲春中休，子由于是始生。东坡老人居于海南，以沉水香山遗之，示之以赋，曰："以为子寿。"乃和而复之，其词曰：

我生斯晨，阅岁六十。天凿六窦，俾以出入。有神居之，漠然静一。六为之媒，聘以六物。纷然驰走，不守其宅。光宠所眩，忧患所迮。少壮一往，齿摇发脱。失足陨坠，南海之北。苦极而悟，弹指太息。万法尽空，何有得失。色声横骛，香味并集。我初不受，将尔谁贼。收视内观，燕坐终日。维海彼岸，香木爱植。山高谷深，百围千尺。风雨摧毙，涂潦啮蚀。肤革烂坏，存者骨骼。巉然孤峰，秀出岩穴。如石斯重，如蜡斯泽。焚之一铢，香盖通国。王公所售，不顾金帛。我方躬耕，日耦沮溺。鼻不求养，兰茝弃掷。越人髡裸，章甫奚适。东坡调我，宁不我悉。久而自笑，吾得道迹。声闻在定，雷鼓皆隔。岂不自保，而佛是斥。妄真虽二，本实同出。得真而喜，操妄而栗。叩门尔耳，未人其室。妄中有真，非二非一。无明所尘，则真如窟。古之至人，衣草饭麦。人天来供，金玉山积。我初无心，不求不索。虚心而已，何废实腹。弱志而已，何废强骨。毋令东坡，闻我而咄。奉持香山，稽首仙释。永与东坡，俱证道术。

饱经摧残后的沉香树

弟弟显然是懂得哥哥期许的，沉香在兄弟二人之间表现为一种独特的精神象征。苏轼借用沉香表达的是一种对弟弟和自己的勉励，一种中国古代文人通常抱有的价值观：此刻肉体上所遭受的磨难是最终成道或涅槃的序曲，君子应该自始至终严苛地要求自己的言行，绝不能放任自流。

"风雨摧毙，涂潦啮蚀。肤革烂坏，存者骨骼。巉然孤峰，秀出岩穴。如石斯重，如蜡斯泽。焚之一铢，香盖通国。王公所售，不顾金帛。"文中这一段话所描述的便是沉香在成形之前遭受到的痛苦并最后成为品质与价值俱足的宝物的过程，象征了自我人格的升华。

这段话的大意为：沉香结香前经历了风雨的摧残和虫蚁的噬咬，皮肤破烂，只剩下了骨骼，留下了孤傲的形状。最后品质如石头一般重，油脂丰厚像蜡一样润泽，烧一小点，香气就非常浓郁，各方贵族不惜重金去购买并收藏。

"奉持香山，稽首仙释。永与东坡，俱证道术。"苏辙最后表达了这一宏远的志向，表达了对这件礼物的重视，如此应和了哥哥的期待。

两年后，苏轼去世，结束了他波澜壮阔的一生以及晚年与沉香的不解之缘。可惜的是，除了《沉香山子赋》中的记载，苏轼赠送弟弟的这块沉香山子从未在其他地方留下任何记录，千年后的我们自然也无从得见。但苏轼的这种精神、傲骨与浪漫，通过他的文章、书画和传奇故事一直流传至今，芳香不绝！

第三章

母凭子贵的树

来认识一下沉香树吧

在本书的第一章节中讲到，沉香在中国汉人中的使用起源自汉代，当时获得沉香的主要途径是贸易。早期使用的沉香一般为中国本土所产的沉香，也就是海南、广东所产的沉香，考虑到中原地区不产沉香，故沉香需要以贸易形式从边境地区获得，所以在汉代以前，广东、海南的原住民应该已经开始使用沉香了，但具体使用情况却无法考证。所以香行业中，多数学者认为沉香在中国的使用，至迟为汉代。

在汉代时，贵族和文人们虽然大量地使用沉香，但是对沉香的来历却并不十分明了。事实上，这些沉香的使用者们对沉香的生成、由来等问题从来就没有太大的兴趣。

当时社会风气热衷于玄学，沉香的使用常被归为"黄老之术"的养生之道中。高级知识分子们在研究事物时也往往偏向于大而空的原理，对事物的具体细节缺少科学的探索精神。才子们聚在一起，更愿意高谈易学、阴阳、八卦、佛经等高深的学问，此时若是有一位不识趣的人问出"沉香如何得来？"这样的问题，怕是会得到一众人的鄙夷。

"沉香集天地之精华，自然精气之凝结，授南方火地烈日之聚，得其纯阳之本性。"说不定此人会得到类似这样一个似答非答的答案。

若此人对这一回答还不死心，不能领会不懂装懂的精髓，而是继续追问道："那沉香长于何处，又如何取得？"想必他会得到众学者一个"孺子不可教"的眼神和"愚不可及"的评价。

北方雅士们品着香、赏着花、大谈风雅的同时，远在天涯海角的一个黎族老头正拿着生锈的斧头，在一棵沉香树上反复砍斫。老头不懂阴阳，也不懂天地精气之类的学说，但他知道沉香长在哪儿，如何长。沉香在他的眼里和家里种的水果没有太大的不同。此刻他挥舞着斧头，内心所琢磨的是如何向今年来买香的汉人们要一个好价钱。

当沉香的使用者们把沉香当作一种植物资源去理解，以科学而非哲学的眼光去研究它，试图发现这种奇妙的物质如何生长、如何获得的时候，时间已经走到了魏晋时期。

当一块沉香被摆在你的手里时，不管你是不是一位植物学家，是不是一位沉香的深度爱好者，你在感受到这个东西的质地、密度，触碰到它的表面，感受了它的手感后，你会自然产生这样的想法：这个东西应该属于某种木本植物的木质部分。但它究竟是什么样的植物？为什么会有如此高的价值？

我们先看一则文献，明代卢之颐所撰写的《本草乘雅半偈》中记载："小者拱抱，大者数围。体如白杨，叶如橘柚，花如穗，实如小槟。未经斧斤者，虽百岁之本，亦不孕香。若半老之木，其斜枝曲干，斫凿成坎，雨露浸渍，斯膏脉凝聚，渐积成香。"这段文字所描述的正是沉香树。

根据卢之颐的记载，小的沉香树的树干差不多要一个人去抱，大的要数人围着抱。树干和白杨树比较像，叶片像橘树的叶片，花像稻穗，果实像小槟榔。没有被砍伐过的沉香树，就算活了一百岁，也结不出香来。一棵几十年的树，它枝干的各个部分，用斧头砍成一道道，在被雨水和露水浸湿后，油脂就会凝聚在一起，慢慢地形成沉香。

沉香树树干

卢之颐显然是一位严谨的药物学家，他对沉香树的这段描述在当时的条件下可谓非常清晰和准确。但受限于时代，科学家们并未产生微观科学的视角，沉香树结香的原因也仅用了"雨露浸渍，膏脉凝聚"这几个字来说明。

《本草拾遗》中记述沉香树："沉香枝、叶并似椿，云似橘者，恐未是也。"沉香树的枝干、树叶接近椿树，叶片和橘树相似。

《琼州府志·物产》记载："沉香似冬青树，形崇竦。"沉香树和冬青树相似，树体高直耸立。

各类中国古代典籍中对沉香的记载，也多从沉香树开始，我们今日的研究也不例外。好了，接下来，我要向各位隆重介绍这位培养了沉香的伟大母亲——沉香树。

沉香树
沉香树颇为高大，高度
可达 20~30 米

　　沉香树，主要分布在东南亚地区，属于双子叶植物，瑞香科沉香属。分布在中国广东、海南地区的沉香树品种一般被称为"土沉香树""白木香树""牙香树"，或使用它的学名*Aquilaria sinensis*（*Aquilaria*指沉香属，*sinensis*特指土沉香树种名）。此树种目前属于《国家重点保护野生植物名录（第一批）》二级保护树种。

　　包括分布在中国南部地区的土沉香（*Aquilaria sinensis*）与云南沉香（*Aquilaria yunnanensis* S. C. Huang）两种在内，沉香属包含了约15个不同的沉香树种，它们主要分布在印度尼西亚、泰国、柬埔寨、老挝、越南、马来西亚、印度、孟加拉国、菲律宾、巴布亚新几内亚等地的雨林中。

表 3-1　沉香树的大家庭（瑞香科沉香属分类）

序号	学名	中文名	分布
1	*Aquilaria apiculata*	突尖沉香	菲律宾
2	*Aquilaria baillonii*	巴永沉香	柬埔寨、越南
3	*Aquilaria banaensis*	巴那沉香	越南
4	*Aquilaria beccariana*	贝卡里沉香	加里曼丹岛、文莱、马来西亚
5	*Aquilaria brachyantha*	短药沉香	菲律宾
6	*Aquilaria audata*	尾叶沉香	巴布亚新几内亚
7	*Aquilaria citrinicarpa*	柠檬果沉香	菲律宾
8	*Aquilaria crassna*	柯拉斯那沉香	泰国、柬埔寨、老挝、越南
9	*Aquilaria cunmingiana*	卡明沉香	菲律宾、马鲁古群岛、加里曼丹岛
10	*Aquilaria filaria*	丝沉香	印度尼西亚、巴布亚新几内亚、菲律宾、马鲁古群岛
11	*Aquilaria hirta*	毛沉香	马来西亚、新加坡、泰国
12	*Aquilaria khasiana*	喀西沉香	印度尼西亚
13	*Aquilaria malaccensis*	马来沉香	不丹、加里曼丹岛、缅甸、印度、马来西亚、菲律宾、新加坡、泰国
14	*Aquilaria microcarpa*	小果沉香	加里曼丹岛、文莱、马来西亚、新加坡
15	*Aquilaria parvifolia*	小叶沉香	菲律宾
16	*Aquilaria pubescens*	柔毛沉香	菲律宾
17	*Aquilaria rostrata*	具喙沉香	马来西亚
18	*Aquilaria rugosa*	皱纹沉香	越南
19	*Aquilaria sinensis*	白木香（土沉香）	中国
20	*Aquilaria subintegra*	近全缘沉香	泰国
21	*Aquilaria urdanetensis*	乌坦尼塔沉香	菲律宾
22	*Aquilaria yunnanensis*	云南沉香	中国
23	*Aquilaria walla*	瓦拉沉香	斯里兰卡

在植物学上，沉香树的种类很多，目前尚不能确定不同种类沉香树与其所产沉香的类型、气味之间存在何种关联性。

以土沉香树为例，它属于四季常绿植物，它的树干可长到20米以上的高度；树叶为椭圆形，长度为5~11厘米，宽2~4厘米；开黄绿色的花，花期为每年的3—4月；结果期为每年的5—6月，果实是一个木质的荚，长度为2.5~3厘米。

沉香树喜爱充沛的阳光和温暖潮湿的生活环境，适宜温度为20~30℃，喜爱肥沃的土壤，喜欢海拔500米左右的位置。在它分布的整个东南亚地区，越是接近低纬度的环境，它的种群数量就越多一些。

不同品种的沉香树

与植物学中根据沉香树的属种对沉香树的分类方式不同，沉香收藏行业通常根据沉香树的分布区域将其分为三个种类：

沉香树的树叶
目前市场上很多所谓的"沉香茶"，实际上只是使用沉香树的树叶制作而成的

一是主要分布在中国广东、海南、广西、云南的沉香树，俗称为莞香树、牙香树或崖香树，其中最具代表性的产区为中国海南。

二是主要分布于越南、柬埔寨、老挝、缅甸、泰国等国家的沉香树，俗称为蜜香树，典型代表为越南沉香树。

三是主要分布于靠近热带的几个东南亚国家，如马来西亚、新加坡、文莱、斯里兰卡、印度尼西亚及巴布亚新几内亚等的沉香树。此类沉香树俗称"马来沉香树"或"鹰木（eaglewood）"，也就是被中国古代的沉香爱好者们称作"蛮沉"的那部分沉香之母树。

莞香树、蜜香树与鹰木这种对沉香树的分类方法主要是沉香收藏界根据不同区域沉香树所产沉香的特点来划分的，从植物学的定义来看，这种分类方法不够严谨，称呼也缺乏足够的科学依据。

当然，收藏行业运行中文化、经济和经验因素的考量更为重要一些。在沉香的收藏行业中，沉香使用者之所以有如此的分类方法，考虑更多的是不同区域沉香树树种结香后的类型和气味的主体特征差异。事实上，沉香的产区特征差异也确实可以按照此三个区域在来划分。

另外，我们从地理位置上也明显能看出这种分类主要是根据纬度由高至低来划分的。

表 3-2　不同类型沉香树的分布

序号	沉香树种俗称	分布的国家及地区	大约所处地理位置
1	莞香树	中国广东、海南、香港、云南、广西等地	北回归线（北纬23°左右）附近
2	蜜香树	越南、老挝、柬埔寨、泰国北部、缅甸等地	北纬15°附近的亚洲大陆
3	鹰木	马来西亚、新加坡、菲律宾、印度尼西亚、巴布亚新几内亚、斯里兰卡等地	赤道（纬度为零）附近的岛屿

沉香树的特点

沉香树是一种生长速度较快的树种，且它身形高大、笔直且粗壮。如此说来，沉香树应该属于一种利用率较高的木材树种,但是它的木质部分有两个缺点,导致它并不能成为一种可堪大用的木材。

首先,沉香树的木质部分是一种材质十分酥松的低密度木材,这就导致它无法成为一种出色的可利用材料。在人类伐木的历史上,我们通常根据木材的可塑造性来判断它的实用性,而实用价值越高的木材自然具备更高的收藏价值。这就包括了木材的密度、力学性能、稳定性、防蛀能力、气味、美感等方面的特点。有一些木材天生受人青睐,比如檀类的树木(紫檀、黄檀),当它们生长到一定的年纪,其树干木质内部会长出富含油脂的树心,这部分的木材被称为"心材"。当切开木头,会发现横截面上心材部分长有清晰的纹理,其颜色也明显区别于边材。心材有着更好的防腐性、防虫能力和稳定性,所以是家具制作的优质材料。有些树种的心材还具备很高的药用价值,比如降香黄檀(黄花梨)。沉香树被称为"白木",原因就是它无论生长多长时间,都无法长出心材,自然也没有相应的实用价值。在海南偏僻的农村地区,偶尔会有农家将沉香木作为房梁、门板的材料使用,那实在是因为当地农民买不起更优质的木头。

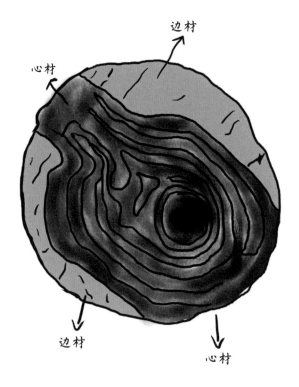

木材横截面
心材部分带有明显的纹理和底色

沉香树的木质部分第二个特点是色白，这种白色并非香樟的乳白色，而是一种枯朽的干白色，油脂含量也非常低。这种惨白的颜色实在是难登大雅之堂，让它无法成为常用的家具、工艺品制作原料。

在众多的高端木材中：金丝楠木有贵族般高贵的金黄色；黄花梨有着充满文人气质山水画般的纹理；紫檀有着厚重的古典紫红色；胡桃木有着欧式典雅的巧克力色；即便是榆木也有沉稳的质感。而沉香木的干白，从质感到颜色都缺少生命力和艺术性，它无法被作为工艺品原料，也就不足为奇了。

若是从材料的可利用性角度来看，沉香木本身并没有太大的使用价值，在不考虑沉香树具备结香的可能性的前提下，将它放入《国家重点保护野生植物名录》中纯粹只是出于保护物种多样性的角度罢了。

但事实上，沉香树的各类制品在目前市场上受到了极大的追捧。沉香树的叶片被制作成售价堪比岩茶的茶叶；沉香木的白木被制作成具有保健养生作用的枕头；沉香木的树枝被拼接到一起，刷上油漆，当作调理风水的法器。

沉香木的木质成分

沉香树

这些沉香树的衍生产品，之所以具有市场价值，一批批地被送往消费者手中，绝非因为它们本身的品质有多么出众，其主要原因是这类产品在销售的时候带上了"沉香"两字。无论是沉香茶、沉香枕还是沉香风水树，归根到底卖点还是在"沉香"二字上。

销售沉香树衍生商品的商家也在竭尽全力地引导消费者将这些产品和沉香本身之间建立各种模糊的关系，从而提高产品的附加值。

近年来，为了获得更加稳定的沉香香料，国内外开始了沉香的种植，由此也催生了一批人工的沉香原料。在控制好沉香种植环境的基础上，沉香树并不难存活，十几年的香树便可以长到20米以上的高度和直径大约30厘米的粗度，由此也产生了大量的沉香树叶、树花、果实和树木质，并衍生出新的沉香关联制品。但对沉香木而言，这些都无法体现它的价值。我们必须了解这样一个情况：沉香树作为一种树木，它本身并没有太大的价值，它最大的价值只在于它具有能够结出沉香的可能性。

为了方便大家理解，我们可以这样来打个比方：在海南五指山深处有一个宫殿，里面住着无数美丽的名叫沉香树的妃子。妃子们每天都在等待，等待一个偶然的机会让她们可以怀上沉香宝宝。当然这个机会并非每个妃子都会有，而怀不上的妃子们只能深居宫中而无人问津。忽然有一天，其中一个妃子高调地宣布她终于怀上了沉香。于是众人立刻汇聚过来，悉心照料她。她头上掉下来的头发，她身上穿过的衣服，她剪掉的指甲，连同她的臭袜子都被挂上了沉香的名字，成为珍贵的宝贝而放在市场上出售。当然，这其中最有价值的自然是她肚子中的沉香宝宝，虽然这个孩子要等上很多很多年才会出生，但不要紧，这位妃子知道，她的人生价值已经得以实现。与此同时，这位妃子却并不知道，痛苦也即将降临。

在本章的最后，我们再来讲一个有趣的小故事：

一位哲人路过一个农场，看到农场里养着很多牛，小牛从出生开始就被带离母亲，失去了牛奶的供养，因为母牛的奶要作为供养人类的商品。母牛终其一生都在产奶，从未得到休息。公牛除了要辛勤耕种，还要面临被屠杀的命运。哲人感受到了牛这一种群所遭受的巨大折磨，于是他找到农场主，告诉他人类对牛类造成的伤害。农场主反问哲人："难道你没发现这个农场的牛比人多得多了吗？"

沉香种植林

　　这个故事描绘了两个物种之间的依存关系：从牛的角度来看，它们得到了人的帮助，种族的数量得以不断扩大，但作为个体的牛却付出了极高的代价，它一生都需要供养人类；人类得到了牛类的供养，为此，人类需要不断为牛类提供更适宜繁衍的环境，饲养它们，帮助它们的种群不断扩大。从基因延续的角度来看，很难说人类是否伤害了牛类。当然如果牛是一种需要自由、精神享受和自我实现的个体，那他们的幸福感确实下降了不少。

　　人类和沉香树之间也是这样的关系。

第四章

香农的职业身份

香农的诞生

在上一章里，我们讲到沉香的结香过程可以形容为母亲孕育子女的过程，如果这个比喻成立，那谁是沉香的父亲？或者说，沉香树在什么情况下可以孕育沉香？

我们先来看一段文献记载。

南朝的游僧竺法真在《登罗山疏》中有这样的描述："山虽有此树，而非香所出，新会高凉人士斫之，经年，肉烂尽心，则为沉香。"这是一段非常简练的关于沉香结香的描述，但这段描述中几乎包含了所有沉香树结香的基本信息。

第一，"山虽有此树，而非香所出"。这句话说明沉香树并不一定产生沉香，两者没有必然的因果关系；或者说，沉香树是有可能一辈子都不结沉香的。

第二，按照文中的描述，沉香的形成和当地土著的行为之间存在某种关联，原文所述"新会高凉人士斫之"，意为高凉人用斧子砍香树。这看起来像是沉香形成之前的一种仪式。

第三，"经年"一词表明沉香在形成前，需要一段漫长的孕育时间。

第四，"肉烂尽心"说明沉香在形成前，沉香树出现了一种直达树心的腐烂般的状态。

以上四点都被现代沉香的研究者所证实，但在当时的科学条件下，竺法真能有较为准确的描述，也殊为不易了。

我们再来看一段源自《通典》的记录："沈木香，土人破断之，积以岁年，朽烂而心节独在，置水中则沉，故名沉香。"

林邑这个地方，有沉香出产，当地的土著破坏了树，再等待几年的时间，树木会朽烂，但是唯独其中的心节不坏。将这部分放在水中能够沉下去，所以起名叫沉香。

这段描述和竺法真的看法一致：他们都认为当地土著的破坏行为与沉香的形成有着很大的关联性；同时都提到了沉香树结香以前出现的"朽烂"状态。《通典》中还补充了沉香得名的重要原因："置水中则沉，故名沉香。"

这两段描述都点出了非常重要的人物形象——"新会高凉人士"和"土人"。这两种人对沉香树做出的一系列行为，最终帮助了沉香的形成。

接下来，我向大家隆重介绍一下沉香的父亲（考虑到沉香的结香情况并不只有一种，更准确的形容应该是"父亲之一"）——香农。中国人有句老话：靠山吃山，靠海吃海。这句话指的是本地劳动人民依靠获取本地及周边的特色物质资源为生。例如，居住在动物资源丰富地区的猎人可以狩猎动物为生，居住在土壤肥沃地区的农民以种植农作物为生，居住在海域附近的渔民可以捕捞海洋资源为生。香农便是这样一种职业，他们生活在沉香树分布丰富的区域周围，以获取沉香为生。

香农名片

职业定义： 一种帮助沉香树结出沉香并采集沉香的职业。

必备技能： 第一，良好的野外生存能力。为了更好地在沉香生长的野外环境工作，香农需要具备一定的攀爬能力，具有识别野外环境并躲避危险的能力，以及在深山野外扎营、生火、烹饪等满足基本生活需求的能力。

第二，足够的区域性植物学知识。香农必须能准确寻找并辨别出零散分布于野外丛林中的野生沉香树。

第三，具备相关工具的使用技能。在采集沉香的过程中，香农会使用各种采集工具，比如砍刀、钩刀等。

第四，具备对应的沉香收藏知识。香农有时候需要掌握足够的沉香知识，以方便更好地区分不同的沉香，从而获得更高的利润。

工作环境： 香农往往需要定期深入一些炎热且潮湿的热带丛林，而这些地方具备一定的危险性。迷路、虫豸伤害、危险地形等因素是香农所面临的主要危险。

收入情况： 香农的收入情况主要可概括为两个字——天意。换句话说，幸运也是香农应该具备的一项"技能"。香农的工作收入非常不稳定，完全取决于他每次进山能够获得的沉香数量及品质，所以收入从一夜暴富娶妻盖楼房到穷困潦倒揭不开锅都有可能。

上岗资质： 无。

从业人群情况： 一般为男性，年龄从十几岁到六十多岁不等。

香农用的工具

沉香的生长环境

从沉香被发现的那天，香农就开始了他们的工作。如果我们的推测更加大胆一些，那么香农这个职业或许比中国农耕文明的诞生还要早一些，毕竟采香更像一种属于采摘、狩猎时期的人类行为。由于中国用香历史的记录在汉代以前并没有涉及沉香及其主要产区，所以对香农这一职业的记录也只能从汉代开始。

在全世界范围内，只要有沉香被发现的区域，附近就一定会有香农的存在，且这种职业的能力会以经验的方式传承下去：哪些地方沉香树的数量多一些，哪些地方沉香的结香品质高一些，这些经验都直接影响着香农的收入。从某种意义上讲，野生沉香的信息，就像是一种商业机密。在香农间，这些机密往往会通过父子、兄弟等亲密关系来继承。

中国的香农主要生活在广东和海南地区。在广东，主要是由汉族人从事香农职业，且他们往往集中居住在一个或几个相对密集的村庄中。近年来，随着国产野生沉香树数量急剧减少，香农的工作从原来的野外采摘逐渐转型至野外种植。

香农是如何工作的？

中国海南地区则主要由黎族人从事野外采香的工作，而这份工作也有着悠久的历史。《清代黎族风俗图》里收录有一幅《采香图》，图中所描绘的是清代海南黎族香农入山采香的场景，这一行为在当时仍然属于黎族人的日常生活之一。

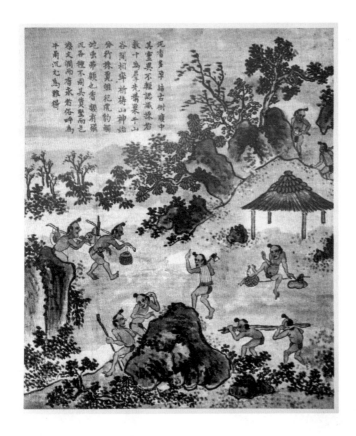

《采香图》

图中文字如下：

> 沉香多孕结古树腹中，其灵异，不轻认识。采者数十为群，先构巢于山谷间，相率祈祷山神，始分行采觅，虽犯虎豹，触蛇虫，弗顾也。香类有飞沉各种不同，其质坚而色漆，文润而香永者，俗呼牛角沉，尤为难得。

沉香多数孕育于古老的香树之中，它们有灵性且特异，难以被清楚辨识。采沉香的人以数十人为一群体，先在山谷间搭建一个住宿，然后对山神举行祈祷的仪式，这才开始分头出动，寻找并采觅沉香。在采香过程中，即便遇上了山中的虎豹、蛇虫之类的野兽和毒物，也绝不退缩。采的香有飞沉（应为沉香的一种）等多种不同的品种。有一种沉香质地坚硬、颜色黝黑、油脂润泽、香气持久，当地俗称为牛角沉香，是十分难得的品类。

香农在野外采集沉香的工作一般分为两个阶段：

第一阶段是采香，香农入山寻找并从已经孕育出沉香的沉香树中采集出沉香。此时的沉香被包裹在沉香树的树体中，香农先凭借经验来观察并判断结香的状态，再决定是否当下立刻采集，若决定采集，便会将沉香连同香树整体砍伐下带走。采香是艰辛的工作，它的困难之处在于如何找到结有沉香的沉香树。这就需要香农对沉香树的习性有足够的了解，并对沉香分布的地域环境有准确判断，当然，少不了还得要有一个好的运气。水土、光照、海拔等环境因素都对沉香树以及其结香品质、香气特色有着重要的影响。优秀的香农在上山取香前会做好充足的准备工作。

香农在采香结束后，随即进入第二个阶段——理香。香农对获得的整块香体进行整理，整理工作主要是用勾刀慢慢去除香体外的木质和腐烂部分，直至香体完整地裸露出来。这是一份漫长而艰苦的工作，有时需要耗费数日的时间，而是否清理干净，清理完的香体是否完整，都将影响到这块沉香的最终价值。

多数沉香都需要理香，但也有少数不用。野生的沉香有时会在活树中获得，有时

香农在理香

开香门

会在枯木中获得，有时则在泥土中获得；也有运气好的时候，由于沉香树木质结构的破坏、风化，内在包裹的香体会直接裸露出来，这样就不需要后续再加工。古籍中称这种香为"不待剔而成者"，当然这种情况实属罕见。

好运并不总是与香农相随，相反，坏运气却总喜欢不请自来。清代的张长庆在《黎岐纪闻》中谈到香农采香的艰难："能采香者谓之香仔，外客以银米安其家，雇入山中，犯雾露，触恶兽，辄经旬累月于其中，而偶一得之，不幸者虽历久无获也。"

人们请来香农，给他们起了个有趣的名字——"香仔"。外来买香人花钱花粮养着香仔们，让他们进山采沉香。经过几十天艰苦的搜索，香仔们也只能是"偶一得之"，不幸者即便花了大量时间也会一无所获。

当一个香农跋山涉水，翻山越岭，排除万难后，终于找到了一棵沉香树，他围着沉香树找了半天，发现居然一点香都没有结成，又该是怎样一番心情。此时这个香农千万要保持冷静，绝不可以做一些如采点叶子回家泡茶或者把树砍了做枕头之类的傻事，除了抱怨以外，他此时有一件非常重要的事情要做，也就是竺法真在《登罗山疏》中说的"斫之"，广东人称其为"开香门"。

　　这个香农可以拿着斧头在未结香的沉香树上砍出一个深入木质内部的伤口，并且尽可能多地在一棵树上砍出一些口子来，这便是"开香门"。但要注意的是，千万不要直接将树砍倒，或者砍得奄奄一息，要知道在沉香宝宝出生以前将其妈妈砍死绝对不是聪明的做法，要保持这棵树仍然是茁壮存活的状态。这些并不致命的伤口会在以后逐渐催生出优质的沉香。然后，香农记下这棵树所在的位置，等过一段时间再来取香。

　　如果这个香农的厄运还没完结，那么即便他做了这么多，也依然会徒劳无功。进山采香的香农并不只有他一个，无数的香农正在周边以地毯式的搜寻方法寻找着沉香，所以很可能没等他下一次回来，这棵沉香树上所结的沉香就已经被别的香农取走了。

　　自己的辛勤劳动，给了他人美好的收获，这种为他人作嫁衣裳的事相信没有太多人愿意去做。但"开香门"就是这么一个有趣的博弈过程。假设你就是一位香农，你此次的冒险已经注定不会获得沉香，那么你现在面临的无非就是"开香门"和"不开香门"两个选择（我们先排除你一怒之下把树砍了这种极端现象）。你"不开香门"，你和后来的香农都没有获得沉香的可能；你"开香门"了，你有一定的可能得到这棵树上的沉香，当然更大的可能是沉香被后来者取走。虽然收益的可能性更低，但毕竟聊胜于无。况且，你也有可能成为另外一个香农博弈过程中的后来者，得到由他"开香门"后获得的沉香。所以从经济效益的角度来看，无论如何，"开香门"都是你要做的最正确的选择。

　　一直以来，沉香树和香农、香农与香农之间就维持着这样一种关系，这种关系导致了沉香的形成。所以，如果说沉香树是沉香的母亲，那香农就是沉香的父亲，两者通过这样的因缘，造就了沉香这个孩子。虽然这个孩子有可能是如苏轼所言"斯膏液之内足，故把握而兼斤"的大胖小子，也有可能是一个营养不良、面黄肌瘦、不尽如人意的残疾儿，但沉香的诞生靠的就是如此缘分。

　　当沉香被采伐后，这一切的缘分便结束了。儿子被抱走时，可怜的母亲自此便无人问津了，但谁在乎呢？如果没有沉香，沉香树本来也无人问津。沉香树也因此陷入了两难的境地：如果香农不来伤害我，我可能无法结香，我便没有了价值；当人类为了得到沉香不断伤害我的时候，我产生了很高的价值，我也有了响亮的名声，我的叶子都卖上了高价，我的种族开始繁盛，但是我的生命也即将完结。因为采香对沉香树造成的伤害是永久且无法修复的。

惠东绿棋幼树
现如今沉香树的种植基地
越来越多，数量也急速攀
升。在当今的沉香树苗市
场上，有一种源自广东称
为"惠东绿棋"的树种树苗，
价高时可卖到几百元一株，
几年的成树价格过万

沉香树的果实

关于沉香使用与交易的传说

关于沉香树与使用者的记载，在《太平广记·草木》中有一则趣事：

> 唐太宗问高州首领冯盎云："卿宅去沉香远近？"对曰："宅左右即出香树，然其生者无香，唯朽者始香矣。"

冯盎云为唐太宗时期的高州太守，他所任职的广东一带，正是国内沉香树的主要分布地区。冯盎云在一次入朝述职的过程中，唐太宗向他问起了沉香树的情况，冯盎云的回答是："我家附近就有沉香树，但是活树是没有香的，只有腐朽的树才开始有香。"

不知唐太宗是否随口问起，还是有心敲打一下冯盎云：你小子下次入朝的时候记得带点你们老家的特产沉香孝敬孝敬我！

冯盎云的回答是"宅左右即出香树"，看来至少在唐代，沉香树在广东不罕见，不过料想冯盎云家附近的香树里不一定有结香。毕竟太守家附近的沉香树，即便是懂香之人，想必也不太会有胆子去开它的香门。

《太平广记》中还有一则唐太宗与沉香的趣事：

> 唐贞观初，天下久安，百姓富赡，公私少事，时属除夜，太宗盛饰宫掖。明设灯烛，……隋主每当除夜，殿前诸院，设火山数十，尽沉香木根也。每一山焚沉香树车，火光暗，则以甲煎沃之，焰起数丈，沉香甲煎之香，旁闻数十里，一夜之中，则用沉香二百余乘，甲煎二百石……太宗良久不言，口刺其奢，心服其盛。

这个故事说的是唐太宗时期的一个除夕夜，太宗觉得如今国富民安，应该好好庆祝一番，就搞了个大灯会。在灯会欢乐时，不知道是哪个不识趣的人忽然讲起了前朝的故事。他说隋代的除夕夜，国君不用灯照明，而在庭院里面燃起火山，将无数的沉香点燃照明，烧完了以后再加上甲煎香，这香气能飘出数十里远。当时一晚上用掉沉香两百车、甲煎两百石。唐太宗听完这段话，不知是何心情，憋了半天没说出话来，只能对前朝的奢侈之风讽刺一番；其实内心真是羡慕，且深深叹服：还是隋朝人会玩啊！

在香农采香、理香的工作告一段落之后，接下来的工作是寻找将所获得的沉香卖上一个好价钱的方法。从古至今，高品级的沉香一直都是卖家市场，香农是不愁找买家的，换句话说：沉香自己就能把自己卖掉。所以当你手里有一块好沉香的时候，问题只有一个：如何有效地告诉别人这个信息。

在中国的广东和海南，一直都有稳定的沉香交易市场。在广东的部分地区，还流传着一个关于售卖沉香的动人故事：

一位做香农的父亲在进山采香后，带回了一块品级非常高的沉香。长时间的劳作和饥饿已经令这位父亲精疲力尽，但此时家里却急切地需要用这块沉香去交换食物。疲惫虚弱的父亲没有办法，只能将沉香交给女儿，让女儿带着沉香去集市售卖。

女儿战战兢兢地接过沉香，心中忐忑不已：这块沉香的价值太过珍贵，而通往市集需要经过一段强盗经常出没的山路，价值高昂的沉香很容易成为强盗的目标。但此时别无他法，女儿只能上路，为了避人耳目，她将沉香塞进了自己的衣中贴身保存。万幸女儿一路平安到达了市集，当她把沉香从衣中取出时，沉香散发出奇异的香气，立刻就吸引了众多购买者的注意。

沉香有一个特性，它能够吸附环境中的气味。女儿贴身保存的沉香此时已经吸收了她身体散发的少女体香，这种气味融合了沉香本身的清甜和馥郁，形成了一种独特且令人难忘的愉悦香气。路人们闻到香味，纷纷称赞这块沉香的品质，称它为"女儿香"。

"女儿香"的名字也由此传扬开来，成为广东沉香的代名词。这个有趣的故事在沉香的收藏者之间反复流传着，它告诉我们沉香有着如此高昂的价值和各种动人的传说。当然，它也时刻警示着我们：沉香容易吸味，在进入卫生间之前，请把自己身上的沉香手串摘下来！

在现代沉香的收藏市场上，香农除了采香、理香、售香以外，还需要帮助购买者辨别沉香。当一位香农采集到一块沉香时，他获得的不仅是一块香料，更是这块沉香最原始状态下的信息。一位懂规矩的香农会在出售沉香时诚实地反馈他所取得这块香时的信息。这些信息包括：香树的产区、香树的状态、结香所处香树的位置等。当然，作为一位沉香的采购者，也需要尽可能多地掌握辨别沉香的知识，因为这些信息能更好地帮助用香者以最优的方式去使用这块香料。

女儿香

沉香手串

第五章

微观世界的战争

虫漏——来自虫子无意间的馈赠

　　香农通过"开香门"的方式让沉香树结香，只是沉香众多结香情况中的一种。除此之外，还有几种能够帮助沉香树结香的情况，包括：虫咬、雷击、火烧、山中动物活动造成的伤害、台风吹折等。这些结香方式属于偶然行为，并不为人所控制，在这其中，又以虫咬结香属于比较常见的情况。

　　沉香树具有一种特殊的禀赋，它非常容易吸引野外的山蚁在它体内筑穴安家。沉香树的木质酥松、柔软，而这些蚂蚁个头较大，噬咬能力强，对沉香树的口感也颇为满意，沉香树于是天然地成为蚂蚁安家、嬉戏的绝佳场所。

　　关于噬咬沉香树的蚂蚁，一般认为是一种当地的山蚁。在唐代《岭表录异》记载了这种特殊的野外山蚁：

虫咬沉香树

交、广溪洞间，酋长多收蚁卵，淘泽令净，卤以为酱。或云，其味酷似肉酱，非官客亲友不可得也。

岭南蚁类极多，有席袋贮蚁子窠，鬻于市者，蚁室如薄絮囊，皆连带枝叶，蚁在其中，和窠而卖之。有黄色大于常蚁而脚长者。云南中柑子树无蚁者实多蛀。故人竟买之，以养柑子也。

从文中我们能了解到，这种蚂蚁数量很多，分布在沉香的产区，喜欢筑窠在树中。交趾（中国古地名，今越南北部）、广州地区的人颇为喜欢这种大山蚁，除了把蚁卵卤制成一种口感类似肉酱的高端食品外，还会引进这些蚂蚁当作蛀虫的天敌来防虫护柑，由此还形成了蚂蚁的买卖市场。

当这些蚂蚁噬咬沉香树后，会促使沉香的形成。《崖洲志》中将由于蚂蚁噬咬而结出的沉香称为"虫结"，现代收藏市场上常称其为"虫漏"，有时候也称"蚁沉香"。

蚁沉香
蚁沉有大小之分，有的大蚁沉造型十分奇特、漂亮，我们除了感叹沉香之美，还不得不折服于蚂蚁强大的"建筑能力"

虫眼

虫眼

小虫漏示意图

蚂蚁在沉香
树种作窠，
形成大面积
的内部伤口，
最终结出的
沉香

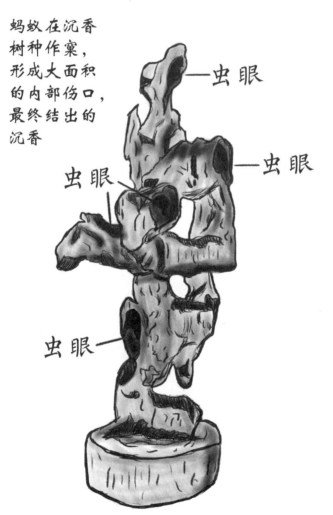

虫眼

虫眼

虫眼

虫眼

大虫漏示意图

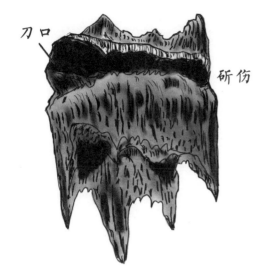

刀口

斫伤

生结沉香示意图

　　无论是香农"开香门"，还是蚂蚁的噬咬，或者是其他的结香因素，其根本目的就是给沉香树造成一个伤口。那么接下来，我们要搞明白沉香的形成，研究的重点就是从沉香树伤口的产生到结出沉香的这一过程中，沉香树的体内究竟发生了什么？

沉香树独特的"防御型"结香方式

　　以上问题通过古籍是很难找到令人满意的答案的，事实上中国古代的植物学或方志学中的记录内容通常只是作者肉眼的观察结果。由于缺乏必要的仪器设备，古人们无法探索到沉香树在受伤之后，在微观的世界中究竟发生了什么，最终促使了沉香的形成。在古典文献的记载中，一般是类似于"雨露浸渍""雨水所渍""朽烂"之类的文字描绘。

　　这些描绘我们从字面上可以简单地推测，在沉香的形成过程中可能需要相对潮湿的环境。《通典》中描绘沉香结香前沉香树状态所用的"朽烂"一词，就非常清晰地告之，沉香树的伤口最终形成了一定的腐烂和朽坏的部分，我们称之为"病变"或"感染"。

　　任何一个健康的生命，无论动物或者植物，当它受到伤害时，都有可能在微生物的侵入下造成感染，机体也必然会做出相应的反应来对抗，这是自然进化带来的结果。在树的世界里，有一种被称为"瘿瘤"的东西，反映了这种对抗。

树的瘿瘤

瘿瘤是当树木受到伤害或发生病变的时候，由病变部位增生而结出的一块细胞结构混乱的木质体。由于是增生细胞，瘿瘤中的木质细胞并不按照正常的细胞排列方式排列，它的纹理会产生一种有着特殊规律的混乱感，这让它形成了一种病态的美感。人类自古就有一种对病态的独特审美，如一些土著部落中至今还保留着一种对身体创伤以造成特殊疤痕排列的行为。在名贵木材的收藏市场上，瘿瘤的价格也总是比其健康原木值钱，除了具备特殊美感外，瘿瘤本身相比原木也更加稀有。

那沉香树的结香是否是瘿瘤的一种呢？一旦我们对比沉香和树瘤，就会发现两者有明显的不同：瘿瘤属于一种增生的木质，它生长在树体的外部；沉香在结香之后，油脂是处于伤口内部的，且周围没有任何木质细胞增生现象发生。

这个现象实际表明：沉香树的结香并不属于瘿瘤，它更像是一种对感染细胞的防御。用一种更形象的比喻：沉香是沉香树为了阻止感染扩散而搭建的城墙。

假设一个正常人的身体上受到了一处刀伤并由此产生了溃烂，这个人体内的免疫细胞会立刻对感染的病原进行攻击，直到杀死病原。接着，伤口处会进行修复，伤口附近的细胞分裂并形成伤疤，伤疤上的细胞组织和周围的正常细胞组织有着明显的不同，这也是我们肉眼就可以轻易看出来肉体上疤痕的原因。

如果沉香树是一个人，那他显然不是一个正常的人，当他受到了伤害并产生了感染时，他体内并不会产生免疫细胞来攻击病原，也不会分裂细胞修复伤口。取而代之，他会在伤口的周边形成一种特殊的油脂，这种油脂不断沉淀直到把伤口周围的细胞全部包裹。于是，这些病原被油脂隔绝，便无法再继续入侵其他细胞，直到失去寄主而死亡。之后，这块奇怪的伤口没有进行任何修复，伤口成了一个大窟窿，而那些油脂也不会消失，并一直保留在伤口的周围。

如果我们把沉香树比喻成一个国家，那它一定是一个奇葩的国家。当这个国家受到外敌侵犯的时候，它不会组织军队反抗，它的人民会搭建出一个高高的、无法突破的城墙，将敌人困在原地，令侵略者无法深入。最后，外敌毁坏了墙外的一切，但却无法再进一步，因为无利可图而退去，这个国家也仿佛什么事情都没有发生，甚至不再考虑去收复那片被战火烧过的土地。

沉香树像一位道学大师，它的这一行为简直就是老子"夫唯不争，故天下莫能与之争"的完美典范。我不争，那么谁也争不过我。

在宏观的世界里，这场战争结束后，我们用肉眼就可以轻松找到这些悟了道的"城墙"，它们有丰富的油脂线，并按照母树细胞的分布进行规律的排列。通过现代科学的显微技术，我们也可以在微观上对沉香结香的细胞进行观察，这样便可以细致地看到这些"城墙"的位置，它们坚强而牢固，分布在木质的导管和细胞中。

来看一下结香的过程吧

接下来，让我们进入微观世界，来看一场无声无息的战争。

进攻方：真菌，包括但不限于色二孢菌、可可球二孢菌、镰刀菌、曲霉、毛霉、青霉、木霉、裂褶菌等。由于攻方势头强大，种类繁多，古称其为"细菌联盟"。

防守方：天真、可爱而毫无攻击性的沉香树木细胞。

战场：沉香树。

在一个闷热、潮湿的午后，战争开始了。在沉香树的树皮被撕开之后，天真、可爱的沉香木细胞们第一次感受到了阳光、雨露和潮湿的空气。几乎是同时，他们也看到了"细菌联盟"邪恶狰狞的脸。紧接着，入侵者们发起了无情的攻击，它们烧杀抢掠，不放过眼前任何一个健康的木细胞。木细胞们一个接一个地腐朽、病变、倒下，就像绵羊面对豺狼。这是一场没有悬念的战争，木细胞们毫无还手能力，只能任人宰割。好在木细胞们数量众多，当他们发现严峻的现状，便立刻向周围发出了警报。警报迅速传递到了周围的正常木细胞中，整个沉香树王国感受到了入侵的威胁，进入了一级戒备。

沉香醇提取物

"团结起来吧，木细胞兄弟们，危机已经刻不容缓！"沉香树发出了呼吁。历史的经验告诉他们，只有一种情况可以幸免于难。伤口边缘的木细胞们开始进入一种非常规的代谢模式，他们体内的多糖发生了转变，进而产生了一系列特殊的化学反应，目的在于形成一种新的抵抗物质，也就是沉香树的救世主——沉香醇。沉香醇为沉香中的油脂成分，是一种由多种成分组成的复杂混合物，其最主要成分之一为"沉香四醇"。

在沉香醇形成的同时，敌人的侵略仍在继续着。沉香醇并非勇于反抗的战士，它的作用，与其说是进攻的长矛，倒不如说是抵御的盾牌。

在这一场漫长的，有时候可持续几十年之久的战争中。沉香醇不慌不忙，慢悠悠地凝聚着，它的凝聚消耗了母树大量的精力和资源。沉香醇开始驻扎在敌人进攻的通道上。当"细菌联盟"遇到沉香醇时，他们毫无突破的方法，只能停止前进。最后，沉香醇的大军将敌人尽数包围起来。

任凭"细菌联盟"在沉香醇的包围圈内如何翻江倒海、叫嚣与破坏，沉香醇始终不为所动。敌人无论如何也无法突破新建的高地，最后只能无奈地退去。在敌人退去后，这片由沉香醇组成的防线也始终没有消失，它长久地矗立在那里，象征着不朽的胜利。

这场旷日持久的微观战争最终以沉香树的胜利告终，而战争的结果，为我们带来了一种融合了沉香木细胞与沉香醇的物质——沉香。战争造就了伟大的胜利，就好像世人常说的：挫折才能成就坚强，敌人的强大是胜利最好的注脚。

在乱世的战火中，沉香应运而生。

最终，我们得到了一块香体。这块香体分为三个部分：病变后的木细胞、健康的木细胞以及沉香醇。

我们可以这样归纳沉香结香的过程：当沉香树受到各种形式的伤害时，伤口的木细胞受到了多种真菌的感染而发生病变，病变周边的木细胞受到刺激分泌油脂物凝聚在木细胞中以阻止感染扩散。

这就是沉香树孕育出沉香的过程，直到沉香最终被香农取出，或树体死亡，或香体脱离母树，才最终结束。在香农取沉香之前，香体是否仍在继续结香是无法完全确定的，这需要香农在取香时进行具体判断。

世界三大宗教的典籍中都有对沉香使用的记录，并将其奉为重要的圣物。其中很大一部分原因可能在于通过拟人化的象征，沉香这种特殊的资源有着一种独特的品格：他在创伤和痛苦中产生，却有着崇高的仁德。

沉香摆件

如果不再去细分沉香醇的成分，我们可以这样定义沉香：沉香是一种包含了沉香木木质成分与沉香醇的混合物。而一块沉香中油脂成分比例是多少，木质成分的比例是多少，是不确定的。

我们搞明白了沉香树是如何结出沉香的，也明白了沉香的成分，这就产生了一个新的问题：按照这样的定义，如果有一块沉香木，其中只含有非常微量的沉香醇成分，那这块木头是否能被称为沉香呢？

容易被混淆的沉香与沉香木

在现代收藏市场上，一块木头不管它含有的油脂成分是多少，只要它含油，就可以被称为沉香。这种称呼方法显然对高品级的沉香不太公平。在古代，含油量低的香体是没有资格被称为沉香的，所以在古籍中，沉香有着很多不同的分类和名称。

我们暂且不要过于纠结古代人对沉香的定义，先来明确称谓问题。在现代收藏市场上，对于很多"叶公好龙"型的沉香爱好者而言，"沉香"和"沉香木"这两个基础的概念还有些混淆不清，因此以下场景经常发生在民间的收藏市场：

一位悠闲的买家在一个温暖的周日上午逛进了收藏品市场，在对无数个商铺进行串门以后，他看中某家店铺柜台中的一个摆件。

买家：老板，您这件东西不错啊。

卖家：您识货，沉香的。

买家：多少钱请？

卖家：3000。

买家：是沉香没问题吧，这颜色看着有些白啊。

卖家：瞧您说的，本店从不售假，您看，这还有证书，假一赔十。

（买家一看证书：天然沉香木摆件。）

买家：嗯，不错，就是价格贵了点。

卖家：小本经营，实在赚不了几个钱，大哥，看您也懂货，不然您说个价？

（买家琢磨：对半砍呗！）

买家：1500行不？

卖家：嘿嘿，大哥，真没这利，这比咱进价还低呢。要不您给个2200吧。

买家：太贵了，2000吧。

卖家：嗨，就怕卖懂货的，您这眼力，2000就是咱进价。算了，今儿不赚钱，就图个开张。让给您了！

于是买家付钱，将摆件抱走。在经过一番上网查找后，买家很快发现他买的好像不是沉香。

几天后，买家气势汹汹找上门。

买家：老板，你这不是沉香啊。

卖家：怎么不是，证书上写得清清楚楚——沉香木。

买家：我在网上查了，沉香是深色的，你这个是浅色的；沉香有香气，这个没气味。

卖家：按你的意思，这证书是假的咯。你自己去鉴定吧。

买家于是去了检测部门，掏了一笔检测费。

检测机构：您好，您送检木材确认属于瑞香科土沉香属白木香树。

买家：……

这个买家直到最后也没搞明白，他所买的摆件究竟是真是假。

沉香与沉香木的概念，是认知沉香的第一课：首先，沉香就是沉香，沉香木就是沉香木，在名称的使用上必须明确边界，两者没有中间的过渡状态，可以有低油脂沉香，但没有低油脂沉香木。所以沉香工艺品和沉香木工艺品，严格来讲就是两个品类。其次，沉香因其所含沉香醇成分比例的高低，在价值上有很大的差别，买到低等级沉香，并不代表买错了，只是买贵了。

另外，同故事中的买家一样，将木质收藏品的判断推给林业检测机构，是并不稳妥的。这并非说是检测机构的检测不够准确，相反，检测机构的检测过于准确，所以它不会给出模糊标准。而在收藏市场上，收藏价值有时候恰恰是建立在几个模糊的标准之上的。

在现阶段，无论是国家级的检测机构还是民间检测机构，对沉香的检测都不完备。目前，我们对沉香的判断还停留在确认阶段，等级判断在现阶段还依靠经验判断的方式，而影响一块沉香级别的因素实在太多了。

第六章

沉香、栈香与黄熟香

古人对沉香的定义

中国古代有很多文献对沉香分类有着详细、丰富的记录，有时候因其过于丰富，导致后人学习起来容易出现标准混乱的现象。几乎每本典籍内都有一套自己的分类逻辑。

在讲解中国古代典籍对沉香的分类之前，我们首先需要明确"沉香"这个概念在古今香文化中的定义区别。

在现代沉香的收藏市场上，"沉香"一词指的是沉香树按照前文所述方法结香的所有香料类型。也就是说，只要是包含了沉香木和沉香醇两种成分的天然香体都叫沉香。但在中国香学相关古籍中，"沉香"一词所指香料需要满足的条件要更多一些。

我们先来看一些典籍中的记载。

《南方草木状》："木心与节坚黑，沉水者，为沉香……"

《本草图经》："坚黑而沉水者，为沉香。"

《通典》："置水中则沉，故名沉香。"

中国古人对"沉香"的定义，一般需同时满足几个条件：树心部分结油，坚硬，黑色，沉水。也就是说，沉香必须是从沉香树的树心部分结出的，并且品质达到"坚硬、黑色和沉水"这三个条件的香体。一些古籍中认为"沉香"名称中的"沉"字，是指能够沉水的意思。

古籍中的沉香分类

古籍中对于沉香的分类，纷繁而复杂，各成系统，相互间亦有重叠部分。下面一张思维导图首先给出本书所载古籍中沉香的分类体系，让读者首先有一个直观的了解。

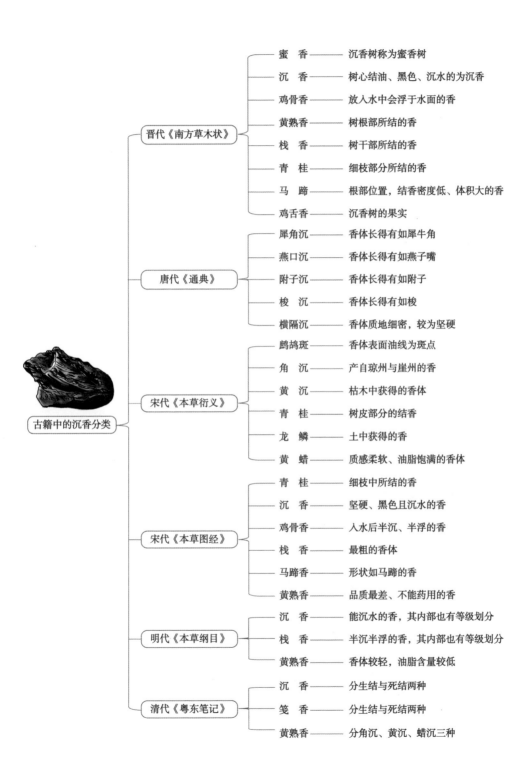

古籍中的沉香分类

晋代《南方草木状》
- 蜜 香 —— 沉香树称为蜜香树
- 沉 香 —— 树心结油、黑色、沉水的为沉香
- 鸡骨香 —— 放入水中会浮于水面的香
- 黄熟香 —— 树根部所结的香
- 栈 香 —— 树干部所结的香
- 青 桂 —— 细枝部分所结的香
- 马 蹄 —— 根部位置，结香密度低、体积大的香
- 鸡舌香 —— 沉香树的果实

唐代《通典》
- 犀角沉 —— 香体长得有如犀牛角
- 燕口沉 —— 香体长得有如燕子嘴
- 附子沉 —— 香体长得有如附子
- 梭 沉 —— 香体长得有如梭
- 横隔沉 —— 香体质地细密，较为坚硬

宋代《本草衍义》
- 鹧鸪斑 —— 香体表面油线为斑点
- 角 沉 —— 产自琼州与崖州的香
- 黄 沉 —— 枯木中获得的香体
- 青 桂 —— 树皮部分的结香
- 龙 鳞 —— 土中获得的香
- 黄 蜡 —— 质感柔软、油脂饱满的香体

宋代《本草图经》
- 青 桂 —— 细枝中所结的香
- 沉 香 —— 坚硬、黑色且沉水的香
- 鸡骨香 —— 入水后半沉、半浮的香
- 栈 香 —— 最粗的香体
- 马蹄香 —— 形状如马蹄的香
- 黄熟香 —— 品质最差、不能药用的香

明代《本草纲目》
- 沉 香 —— 能沉水的香，其内部也有等级划分
- 栈 香 —— 半沉半浮的香，其内部也有等级划分
- 黄熟香 —— 香体较轻，油脂含量较低

清代《粤东笔记》
- 沉 香 —— 分生结与死结两种
- 笺 香 —— 分生结与死结两种
- 黄熟香 —— 分角沉、黄沉、蜡沉三种

《南方草木状》中的沉香分类

因此，在古籍中，不具备以上几个条件，但同样由沉香树结出的香体，会被冠以不同的名称。例如，《南方草木状》当中对沉香分类的记载：

> 蜜香、沉香、鸡骨香、黄熟香、栈香、青桂香、马蹄香、鸡舌香，按此八物，同出于一树也。交趾有蜜香树，干似柜柳，其花白而繁，其叶如橘。欲取香，伐之经年，其根干枝节，各有别色也。木心与节坚黑、沉水者，为沉香；与水面平者，为鸡骨香；其根，为黄熟香；其干，为栈香；细枝紧实未烂者，为青桂香；其根节轻而大者，为马蹄香；其花不香，成实乃香，为鸡舌香。珍异之木也。

《南方草木状》的作者是晋代的嵇含，"竹林七贤"之一嵇康的侄孙。与叔伯爷爷嵇康热爱玄学、弹琴的浪漫主义不同，嵇含是位严谨的植物学家，他本着科学的精神记录植物特性。在这段对沉香的细致描述中，他所描述的"蜜香、沉香、鸡骨香、黄熟香、栈香、青桂香、马蹄香、鸡舌香"等不同香料，都是由沉香树所产出的。由于这几种香料的特性不同且差异较大，嵇含依据沉香树结香位置和形态的差别，分别起了不同的名称。

蜜香树

沉香

鸡骨香

黄熟香

"蜜香"指的是沉香树本身，在《南方草木状》中特指交趾（现广西与越南北部一带）地区的蜜香树。

"沉香"特指在蜜香树的树心部分结出的，具有坚硬、黑色特点并且能放在水中可以沉入水底的香体。

当香体的密度较低，放在水中只能漂浮在水面时，这种香称作"鸡骨香"。

在蜜香树的根部所结出的香体称为"黄熟香"。黄熟香从名称上看，颜色偏黄，质感如泥土。

蜜香树的枝干部分结出的香体被称为"栈香"。栈香这个名称很特别，在后文中经常会提及，我们先来剖析一下这种类型的沉香。从栈香这个名字来看，我们很难想象这是一种什么样的香，它不像黄熟香、鸡骨香、沉香等名称是从香体外观、质感或密度的特点出发而取的。

其实栈香也是根据香体形状命名的。《说文解字》曰："栈，棚也。""棚"指的是一种用竹条横向编织的竹制品，它的表面会带有一些棱刺。这形象地描绘了"栈香"的样子：沉香在结香的过程中，沉香醇并非均匀地分布在树体内，通常一些地方油脂较厚，另一些地方油脂较薄。于是在理香的过程中，在木质部分被去除后，剩下香体形状有时如同层峦叠嶂一般，油薄的地方像刺，油厚的地方大块，整体像刺猬一般，这便是栈香。蜜香树枝干部分结出的香体往往带有这种多刺的特性。

"青桂香"是指一种蜜香树在细枝上靠近树皮部分所结的香，所以香体呈现薄薄的一片。

栈香

青桂香

"马蹄香"是指蜜香树所结的香中，密度较低、体积较大的香体。此类香一般颜色较浅，香气也比较弱。

蜜香树所结出的果实，被称为"鸡舌香"。在很多中国古典香籍中，鸡舌香一般指现代用的母丁香，而非沉香果实。此处的鸡舌香属于《南方草木状》中所特指的。

马蹄香

鸡舌香（母丁香）

"一树出八香"在沉香文化中属于比较经典的分类方式，一般流行于魏晋前后。到了唐代，划分沉香的方式又有了一些变化。

《通典》中的沉香分类

唐代的《通典》中描绘沉香：

> 沉香所出非一，形多异而名亦不一：有如犀角者，谓之犀角沉；如燕口者，谓之燕口沉；如附子者，谓之附子沉；如梭者，谓之梭沉；纹坚而理致者，谓之横隔沉。今其材可为亭子，则条段又非诸沉比矣。

沉香外形多样，常常根据外形条件来命名。如外形像犀牛角、燕子嘴、附子（一种中药）、梭等物件的，便采用了这几种物件作为沉香的名称。

唐代，有用沉香作为建筑材料搭建亭子的，便需要选用密度和硬度相对较高的品级，体积也需较大。这种类型比较难得，所以文中称其"非诸沉比矣"。

以沉香为建筑材料可能暗指李隆基与杨国忠用沉香建造"沉香亭"一事。

犀角沉

燕口沉

附子沉

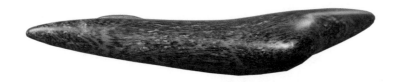

梭沉

横隔沉

《本草衍义》中沉香的分类

到宋代后，对沉香的称呼和分类又有了变化。宋代的寇宗奭在《本草衍义》中是这样分类沉香的：

> ……复以锯取之，刮去白木，其香结为斑点，遂名鹧鸪斑，燔之极清烈。沉之良者，惟在琼崖等州，俗谓之角沉。黄沉乃枯木中得者，宜入药用。依木皮而结者，谓之青桂，气尤清。在土中岁久，不待刊剔而成者，谓之龙鳞。亦有削之自卷，咀之柔韧者，谓之黄蜡沉，尤难得也。

沉香中有一特殊而有趣品类，称为"鹧鸪斑"，它是一种结油如同斑点状的香料，像鹧鸪鸟的羽毛。《本草衍义》称这种类型的香，能烤出非常清冽的香气。海南沉香中品级较高的，称为"角沉"。有一种在死亡沉香木中获得的，是药用级别的，称为"黄沉"。有一种称为"青桂"，这种沉香依着沉香树的树皮所结，香气比较清透。有一种在土中较长时间之后，木质风化，只留下香体的沉香，称为"龙鳞"。最后还有一种品级非常高，尤其难得的沉香，质感如同蜡状，颜色发黄，书中形容"削之自卷，咀之柔韧"，称为"黄蜡沉"。

鹧鸪斑

龙鳞

青桂的结香面和树皮面

黄蜡沉

《本草图经》中的沉香分类

北宋的药物学家苏颂在《本草图经》中对沉香采用了另外一种分类方法：

> 欲取之，先断其积年老木根，经年，其外皮干俱朽烂，其木心与枝节不坏
> 者，即香也；细枝紧实未烂者，为青桂；坚黑而沉水为沉香；半浮半沉与水面平
> 者，为鸡骨；最粗者，为栈香。又云：栈香中形如鸡骨者为鸡骨香，形如马蹄者
> 为马蹄香。然今人有得沉香奇好者，往往亦作鸡骨形，不必独是栈香也；其又粗
> 不堪药用者，为生结黄熟香；其实一种，有精粗之异耳。

苏颂的思路，是将所有沉香分为三个级别：第一种叫"青桂"，是沉香树的细
枝部分所结出来的香体，从外观上看并没有明显的伤口和朽烂痕迹；第二种是传统
意义上的沉香，坚硬、黑色且沉水；第三种是"栈香"，这一类型并不能沉水，一般
为半浮半沉在水中，有时浮于水面。栈香可分为几种不同类型：形状如鸡骨头的叫
"鸡骨香"；形状如马蹄的叫"马蹄香"；级别最差的，含油量较少且不能药用的，是
"黄熟香"。

《本草纲目》中的沉香分类

宋代之后，沉香的分类大体稳定到一个体系中，即"沉香、栈香类和黄熟香"的
三类分法。其中每一大类中都有小类，形状各有不同，称呼也有差别。

明代，李时珍所作的《本草纲目》对这一体系的沉香分类有着极其详尽的记载，
其可以称为古典沉香分类的教科书。

> 木之心节，置水则沉，故名沉水，亦曰水沉。半沉者为栈香，不沉者为黄熟
> 香。《南越志》言："交州人称为蜜香，谓其气如蜜脾也，梵书名阿迦卢香。"
> 香之等凡三：曰沉、曰栈、曰黄熟是也。沉香入水即沉，其品凡四。曰熟
> 结，乃膏脉凝结自朽出者；曰生结，乃刀斧伐仆膏脉结聚者；曰脱落，乃因木朽
> 而结者；曰虫漏，乃因蠹隙而结者。生结为上，熟脱次之。坚黑为上，黄色次之。
> 角沉黑润，黄沉黄润，蜡沉柔韧，革沉纹横，皆上品也。海岛所出，有如石杵，
> 如肘如拳，如凤、雀、龟、蛇、云气、人物，及海南马蹄、牛头、燕口、茧栗、

竹叶、芝菌、核子、附子等香，皆因形命名耳。其栈香入水半浮半沉，即沉香之半结连木者，或作煎香，番名婆菜香，亦曰弄水香，甚类猬刺。鸡骨香、叶子香皆因形而名。有大如笠者，为蓬莱香；有如山石枯槎者，为光香；入药皆次于沉水。其黄熟香，即香之轻虚者，俗讹为速香是矣。有生速，斫伐而取者；有熟速，腐朽而取者。其大而可雕刻者，谓之水盘头，并不可入药，但可焚热。

李时珍对沉香的这段描写非常详尽，他结合了前人的经验，给种类变化万千的沉香写了一份全面的身份说明书，以方便不同品类沉香们根据说明对号入座：

各位沉香系的同志们，你们虽然都是一母所生，但是水平也是有高有低的，为区分各位的高低，最好是能给出不同的名称。老李我不才，对你们做了一些调查，为你们起了一些名字，接下来就给你们一一道来。从木心部分结出的，放在水中能够沉入水的香，叫作"沉水"，也可以叫"水沉"。所以各位自己掂量一下，如果密度沉不了水，就先不要管自己叫沉香了。另外给你们准备了两个档次，半沉水的叫"栈香"，不沉水的叫"黄熟香"。

如果你们是"入水则沉"的沉香，也先别着急，出生也是有差别的，为此给你们分了四类：从死亡沉香树中取出的叫"熟结"；通过香农刀斧砍伤沉香树后结出来的叫"生结"；从沉香树朽烂部分掉落出来的叫"脱落"；蛀虫咬烂沉香树后结出来的叫"虫漏"。生结的品级高一些，熟结和脱落次一等，不用说，虫漏你就最后的啦。

各位能沉水的沉香同志们，除了等级要分，出身要分，皮肤颜色也要分：黑色的沉香品级最高，黄色的要差一些。沉香中有四种上等品级的：黑色、润泽（含油量高）的叫"角沉"；黄色、润泽的叫"黄沉"；质感柔软、有韧劲的叫"黄蜡"；表面带有明显横纹的叫"革沉"。

沉香们档次有所不同，颜值也有不同，因为结香的样子千奇百怪，所以老李我根据样子给你们起了名：有的叫"石杵香"，因为长得像石杵；有的叫"拳头香"，因为长得像拳头；有的叫"肘子香"，因为长得像肘子。我们以此类推，那些像凤的、雀的、龟的、蛇的、云的、人物的、马蹄的、牛头的、燕口的、茧栗的、竹叶的、芝菌的、核子的、附子的，不用说，自己叫什么香，都心中有数了吧。以上为第一类。

熟结

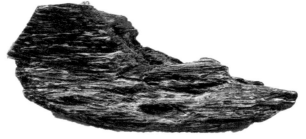

生结

脱落

角沉

黄沉

长得像芝菌的芝菌沉

第二类的叫作"栈香"，是半沉半浮水状态的，简单说就是结香只结了一半，香体连着木头的沉香，也叫作"煎香"，外国名字叫"婆菜香"，也叫作"弄水香"。这些香长得很像刺猬。这一类别里，还有那些名字叫"鸡骨香""叶子香"的，也是根据香体的长相起的名字。其中大一点的，长得像斗笠，叫作"蓬莱香"；长得像各类假山、石头一样的，叫"光香"。我老李搞的是中药研究，看重药性。从药性上看，栈香类的都比沉香类的药效差，所以整体品级都要差一些。

蓬莱香

光香

煎香

第三类是"黄熟香"。黄熟香比较轻，密度也低，在香料市场上还有个名字叫"速香"。这个名字听着唬人，不懂香的人还以为是什么特殊类型的香，其实就是没结好的香。这些香结香时间短、速度快，品级自然差。这些香虽然品级一般，但是好在往往比较大块一些，适合雕刻成各种工艺品。黄熟香也叫作"水盘头"，不能入药，倒是可以用来香熏。

李时珍在《本草纲目》中的这段分类方法体系完善，内容详尽，可算是经典的分类，充分体现了他严谨的治学精神。

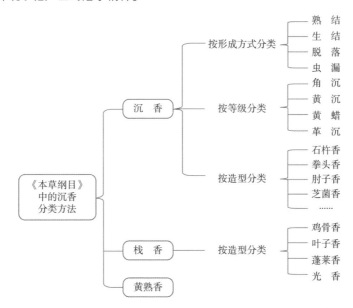

在中国古代的各类典籍中，还出现了很多不同的沉香名称。古人之所以对沉香如此细致地进行划分，原因可能是不同类型的沉香之间有着很大的差别，从而直接影响到了它们的使用场景和市场价值。总而言之，在古人眼中，沉香绝非只是一种香，而是一个数量庞大的香集群，更是一种有着复杂讲究的收藏品。在另一方面，这种烦琐、庞杂而又经验化的分类方式也直接导致沉香文化之中有很多模糊、难以被理解甚至有些神秘化的内容，各种文献的记载和世人口中流传的典故交织在一起，在历史的沉淀下，成为沉香这种独特的物质资源所具有的独特魅力。

什么是沉香的产区特征？

唐代的《通典》在描述沉香的时候，用了一个词，叫"所出非一"，是指沉香有不同的产区。不同的产区因为树种、水土的差异，导致所属沉香在结香特点上有着明显不同：香气、大小、油脂含量的不同。这个"所出非一"，影响着几千年来沉香的使用方式和市场价值，直至今日。

不同产区的沉香虽然有差异，但香气差异有大有小，在差异性小的时候，沉香的使用者们很难精准区分出来。比如说，经验丰富的沉香品香者能够通过嗅觉区分典型的海南沉香与越南沉香在香气上的差别。但由于影响沉香结香的因素太多，而且并非任意一块海南沉香或越南沉香都具备本产区的典型特征，所以一旦香气的产区特征不够清晰和典型，区分起来就会比较困难；再加上有些产区本身相邻较近，香气特点上还有一些交叉，通过香气区分产区就更难了。

所以，我们今日所说的沉香产区特征，往往指的是产区的典型性特征，具体到每一块香料的时候，还需要细细品闻再加以判断。如果遇到一些产区特征模糊的沉香，这就考验品香者的嗅觉识别能力和对沉香的收藏经验了。

中国古代的沉香使用者们很早就意识到了不同产区沉香之间的差异。爱好品香的文人雅士们不仅能清晰地感受到沉香的产区差异，还从差异中产生了优劣判断。有意思的是，古代中国的沉香爱好者们在使用沉香的时候，普遍比较推崇海南沉香，并形成了一些有趣的沉香产区"鄙视链"。如《铁围山丛谈》中所述："三者其产占城不若真腊国，真腊国不若海南，诸黎峒又不若万安、吉阳两军之间黎母山。至是为冠绝天下之香，无能及之矣。"

"占城"所在的位置大约是在如今越南的中南部，可认为是现在的越南芽庄产区；"真腊"的范围比较大，包含了老挝的部分地区和整个柬埔寨；"万安""吉阳"指的便是海南两郡。书中将这三个产区所产的香进行比较，形成了中国海南优于柬埔寨优于越南芽庄的排序。而这其中海南所产的沉香也有细分，最好的是海南两郡之间的黎母山所产沉香，被认为"冠绝天下""无能及之矣"。

这是对中外沉香产区对比的记录，外国所产的沉香之间也有对比。以记载海外沉香为主的《南番香录》这样记述："沉香所出非一，真腊者为上，占城次之，渤泥最下。真腊之香又分三品：绿洋极佳，三泺次之，勃罗间差弱。……绿洋、三泺、勃罗间皆真腊属国。"

书中首先认为"真腊"所产沉香是第一品级，"占城"要次一些，"渤泥（大约为现在的印度尼西亚）"最次。然后又将"真腊国"划分成"绿洋""三泺""勃罗间"三个产区，并有优劣之分。

时至今日，随着沉香贸易和沉香品鉴的不断发展，沉香的产区分类也有了明显变化，其中的排序也和古时的认知产生了不同。如今的沉香收藏市场对于产区分类的细致程度比之古人有过之而无不及，其不仅要细分到国家和地区，有时甚至会细分到小小的山头。这种细致、复杂的分类方式究竟是帮助沉香使用者更好地区分沉香品质，还是一种概念大于实际的噱头，这是仁者见仁、智者见智的事情。但论对香味的极致追求，对气味细小差异的敏锐感知，确实是古今沉香品香者的共同特点。

"无能及之"的海南天香

我们抛开其他产区不谈，先来看一下时至今日仍然被称为"无能及之矣"的海南沉香。

以苏轼为代表的中国古代爱好沉香的文人们，对海南沉香可谓推崇至极。宋代宰相丁谓曾写过一篇《天香传》来赞誉海南沉香。中国古代的文人们偏好本国的沉香，并不是出于一种文化保护主义。事实上在宋代文人的眼中，海南只是个"不毛之地"，比荒外的蛮夷地区也好不到哪儿去。文人们钟情于海南沉香最主要的原因，是海南沉香独特的香味——清透、幽甜、淡然、悠远，相比其他任何产区，都更符合中国古代文人的审美情趣。

清代的《崖州志》一书对海南沉香有着非常丰富、详尽的记叙。《崖州志》编纂于清代光绪年间，民国时得清末崖州最后一位举人郑绍材的资助，才得以付梓。书中对海南沉香的记录，主要摘抄了《粤东笔记》《琼州府志》《桂海虞衡志》等几本典籍中的内容，其中尤以《粤东笔记》和《桂海虞衡志》的记载最为详尽。

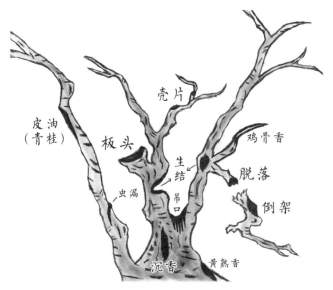

沉香树结香位置及名称

我们先看其中《粤东笔记》的讲述：

> 峤南火地，太阳之精液所发。其草木多香。有力者皆降皆结，而香木得太阳烈气之全，枝、干、根、株，皆能自为一香。故语曰："海南多阳，一木五香。"

开篇的这段描述很有意思，作者用一种中式道学文化的视角诠释了海南沉香之所以独特的原因。在海南岛所属的"峤南火地"中，太阳的能量得到了更多的凝聚，从而催发出独特的生物特性，使得海南的草木中多数带上了浓郁的香气，枝叶、树干、树根全都带香。

这是一种有趣的观点：南方属火，在中医观点中，南国的水果甜蜜且容易让人上火，植物则往往口感辛辣、气味甜腻。这与环境中充足的阳光和雨水必然有所关联。有了这样的环境，万物的生命力便都强盛起来，于是"皆降皆结"，能够汇聚、凝固在一起。沉香树便是这样一种植物，它的生命力量得到太阳烈气的成全，沉香树的各个部位都结出了香，所以有了"海南多阳，一木五香"的说法。强烈的太阳能量在这里得到了聚集，转化成生命的能量，沉香就是这种能量高度凝聚的产物。

> 海南以万安黎母东峒香为胜。其地居琼岛正东，得朝阳之气又早。香尤清

淑，如莲萼、梅英、鹅梨、蜜脾之类，焚之少许，氛氲弥室。虽煤烬而气不焦，多酝藉而有余芬。

书中沿着这一角度继续阐释了太阳能和沉香之间的关系：处于海南岛正东一侧的沉香，因为更早获得了阳光的能量，所以结香的品质更好一些，香气特别的"清淑"。此处的"清"是指一种清幽且纯粹的气味，"淑"指一种温暖而柔和的情感联想。"清淑"两字，表现出海南沉香给人带来的香气的独特韵味。随后，书中以"莲萼、梅英、鹅梨、蜜脾"等词汇来比喻沉香的气味，通过这几个事物的类比，进一步强调海南沉香香气给人带来的嗅觉上的感受。如此即便是没有闻过海南沉香的人，也能大致想象出海南沉香的香气特点。

《粤东笔记》随后补充：海南沉香在点燃以后，它的香气"氛氲弥室"，浓郁且弥漫于整个房间之中。"虽煤烬而气不焦，多酝藉而有余芬。"即使被烤成灰烬也不会出现焦味，芬芳的气味氤氲开来，余韵丰富。这里描述的是海南沉香的扩香力和留香力。

为了强调海南沉香的出众品质，《粤东笔记》随后还将它与其他产区的沉香进行了对比。

洋舶所有番沉、药沉往往腥烈。即佳者，意味亦短。木性多，尾烟必焦。其出海北者，生于交趾，聚于钦，谓之钦香。质重实而多大块，气亦酷烈，无复海南风味。粤人贱之。

对于其他产区的沉香，《粤东笔记》的描述并没有非常细致的用词，统一用"腥烈"二字概括它们香气的韵味，这与海南沉香的"清淑"形成了对比。

"腥"对应"清"，体现的不仅是气味上的差别，更是境界上的差别，"烈"对应"淑"，就如同烈马对应淑女，这是礼仪、文化等阶层上的差异。《粤东笔记》认为"番沉"或"药沉"与海南沉香相比，是有质的差别的。海南以外的沉香，即便是其中品级高的，在香气上也要比海南沉香"短"。这种"短"不仅是香气的扩散力和穿透力的不足，更说明了在品香过程中，外来产区的沉香普遍缺少我国海南沉香应该具有的一种"悠长"气息，缺少了让人回味的韵味。这些外国舶来的沉香往往聚集在广西出售，也叫作"钦香"，但是本地人却并不认为这些沉香贵重。

海南沉香的品种分类

《粤东笔记》中海南沉香的分类

接下来，《粤东笔记》开始梳理海南沉香的几个品种：

> 海南香，故有三品，曰沉，曰笺，曰黄熟香。沉、笺有二品，曰生结，曰死结。黄熟有三品，曰角沉，曰黄沉，若败沉者，木质既尽，心节独存，精华凝固，久而有力，生则色如墨，熟则重如金，纯为阳刚，故于水则沉，于土亦沉，此黄熟之最也。其或削之则卷，嚼之则柔，是谓蜡沉，皆子瞻所谓"既金坚而玉润，亦鹤骨而龙筋。惟膏液之内足，故把握而兼斤。无一往之发烈，有无穷之氤氲。"者也。

文中"笺香"即"栈香"，这种分类方法与其他古籍中的大致相同，也就是"沉香、栈香、黄熟香"的三大类分法。在这三类的基础上再加以细分：沉香和栈香之中都有生结和死结两类，黄熟分为黄沉、角沉、蜡沉三种。其中详细说明了蜡沉这一独特的品种。

蜡沉这种香虽然属于黄熟，但它的品级是所有沉香中最高的。按照书中的描述，黄蜡是在枯木中获得的，其中的香体周边的木质部分已经全部脱去，只留下了香体。香体在漫长的岁月中得到了沉淀，凝聚了时光、能量的精华。富含油脂的沉香香料都有一种天然的防腐性，香体保存的时间也远远长于其周边的木质部分。所以在经过自然界长时间的"降解"之后，香体外的木质湮灭，香体中的木质（比例）减少，油脂比例提高。书中将蜡沉分为几种：如果是木中取得，那么颜色如墨般黑；如果是土中取得，则如黄金般重。蜡沉是自然界阳气的凝结体，它不仅沉于水，也能沉于土。蜡沉的特点非常显著，当用刀去削香体，所削的香屑会自然地卷曲，用嘴去咀嚼香屑，就像在咀嚼蜡一样柔软。

在现代沉香收藏市场上，《粤东笔记》中所讲的这种海南的蜡沉似乎已经是一种传说级别的香料了。蜡沉显然是一种含油量非常高的沉香，正因为油量高，所以质感柔软，密度高，会"削之自卷，嚼之则柔"。但书中所讲的"于土亦沉"，这种可能性应该不太大，其密度不太可能达到这个程度。熟香的确是在土中发现的，不过那是因为香体落在土中时间较长，被后来的泥土掩盖住了。

说完结香和品类，接下来开始说采香的事。

> 凡采香，必于深山丛翳之中。群数十人以往，或一二日即得，或半月徒手而归。盖有神焉。当夫高秋晴爽，视山木大小皆凋瘁，中必有香。乘月探寻，有香气透林而起。以草记之，其地亦即有蚁封，高二三尺。随挖之，必得油速、伽楠之类，而沉香为多。其本节久蛰土中，滋液下流既结，则香面悉在下，其背带木性者，乃出土。故往往得之。

香农采香一般是在深山密林中，聚集到十个人左右就可以进山。采香的时间不定，有时候一两天就能采到沉香，有时候半个月都没有收获。《粤东笔记》说这是因为"盖有神焉"——大概是有山神的原因吧。黎族香农在采香前，会举行仪式祭拜山神，祈求好运，这也是沉香文化中的一部分。采香者一般会选择深秋天气晴朗的日子进山，此时山里面的树木开始凋敝，寻香一般能有收获。香农在晚上披着月光去寻香，如果在一个地方闻到了香气，就先做上记号。如果发现了两三尺高的蚂蚁巢穴，挖开巢穴就很有可能有收获，有时会得到沉香，有时会有结油较差的速香，有时是棋楠香。沉香木在被虫咬后，结出的油脂会往下流，所以结香的那一面往往在树的下侧。香体有可能是埋在土里的树根部分，伤口那一面一般在土面之上。

> 沉香有十五种。其一，曰黄沉，亦曰铁骨沉、乌角沉，从土中取出，带泥而黑，心实而沉水，其价三换，最上。其二，生结沉，其树尚有青叶未死，香在树腹，如松脂液，有白木间之，是曰生香。亦沉水。其三，四六沉香，四分沉水，六分不沉水。其不沉水者，亦乃沉香，非速。其四，中四六沉香。其五，下四六沉香。其六，油速，一名土伽楠。其七，磨料沉速。其八，烧料沉速。其九，红蒙花铲。蒙者，背香而腹泥。红者，泥色红也。花者，木与香相杂，不纯，铲木而存香也。其十，黄蒙花铲。其十一，血蒙花铲。其十二，新山花铲。其十三，曰铁皮速，外油黑而内白本。其树甚大，香结在皮，不在肉，故曰铁皮。此则速香之族。又有野猪箭，亦曰香箭，有香角、香片、香影。香影者，锯开如影木然，

有鸳鸯背，半沉半速，锦包麻，麻包锦。其曰将军兜、菱壳、雨淋头、鲫鱼片、夹木含泥等，是皆香之病也。其十四，老山牙香。其十五，新山牙香。香大块，剖开如马牙，斯为最下。然海南香，虽最下，皆气味清甜，别有氤氲。若渤泥、暹罗、真腊、占城、日本所产，试水俱沉，而色黄味酸，香尾焦烈。至若鸡骨香，乃杂树之竖节，形色似香，纯是木气，《本草纲目》以为沉香之中品，误矣。

《粤东笔记》中关于海南沉香的种类描述是非常详尽和具体的，对结香外观的描述也非常形象。书中并没有将沉水作为沉香的限制标准。在诸多古籍中，《粤东笔记》中的这个分类比较适合现代的沉香收藏市场，沉香、栈香、黄熟香三者不能单凭名称就直接定优劣，优劣的判定标准是多维度的。

根据《粤东笔记》的描述，我们可以将海南沉香的种类定为以下几类：

一是"黄沉"。黄沉是海南沉香品级最高的一种。这种沉香虽然名字叫黄沉，颜色倒不一定是黄的，也可以是黑色，也叫"铁骨沉"或"乌角沉"。这种沉香一般从土里面获得，沉水且实心，价值是黄金的三倍。

二是"生结沉"。这是一种从活树的树心部分获得的沉香，油脂纹理以黑色为主，其中也有白木间隔，密度需达到沉水的级别。

三是"上四六沉""中四六沉""下四六沉"。这是一组根据沉香香体与水的密度关系的分类方法，"四"和"六"只是古人对香脂和香木比重的大约猜测，这三种沉香的

黄沉

油速

密度都是在半沉水状态下的，根据它们内部油脂含量高低（油脂越高则密度越高）定成三个档次。

四是"油速"。油速也叫"土伽楠"，书中并没有对这种沉香进行解释。根据油速的名称可以推断出其属于一种速香，因此结香并不会太充分。再根据土伽楠一词，推断其应该是从土中取得的香。因此，油速应该是黄沉中品级比较差的。

五是"磨料沉速"和"烧料沉速"。这两种沉香书中也没有过多解释，推断也应属于"速香"，"磨料""烧料"应该是指香体的体积比较小，或品质一般，适合研磨成粉或用于焚烧燃香。

六是"红蒙花铲""黄蒙花铲""血蒙花铲""新山花铲"。《粤东笔记》中这一组非常有趣的香名是根据香体外观来命名的，"红""黄""血"指的是香体的颜色，所以推断它们应该属于从土中获得的香，香体皮质呈现相应的土色。"新山"是指从活树体中获得的香，属于新料。凡名称中带有"花铲"两字的沉香香料，其品质应该属于较为普通的。"花"字代表香体外观不够纯粹，其中木质和香体有的交杂，且难以剔除干净；而"铲"字显然指的是理香过程中，香体表面留下的刀痕。

七是速香类的。这类香的名称就比较多了，书中讲到了"铁皮速"，指香体结的油脂实在太过薄，完全没有肉质，如同一层铁皮。书中之后还列举了许多速香的名称："香箭""香角""香片""香影""将军兜""菱壳""雨淋头""鲫鱼片""夹木含泥"等，并认为这些名称都属于结香的毛病。

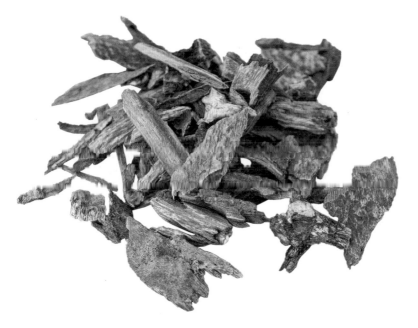

磨料

花铲

牙香

八是"老山牙香""新山牙香"。《粤东笔记》中表述了"牙香"属于最下等的香，这种香体的特点是体积往往很大，刨开后里面的颜色如同马牙一样白，基本没有什么油脂，与白木近似。

《粤东笔记》中所列举的这些沉香品类，涵盖了不同的香体状态和结香方式。全书对我国海南产区的沉香持有很高的评价，认为海南所产的沉香，即便品级较差的，如速香、牙香级别的，香气也非常清甜。相比较而言，柬埔寨、越南、印度尼西亚、泰国等产区的沉香，即便是沉水级别，香气中也会出现一定的酸味和焦味，如果是品级比较差的，那就是纯粹的木头味道而没有香味了。《粤东笔记》还指出《本草纲目》中说的中品沉香鸡骨香，看似结香，其实没什么香气，应该属于下品。

《崖州志》中海南沉香的分类

除了《粤东笔记》中的记载外，《崖州志》中另外收录了一些海南沉香的分类，在此做一下归类：

一是蓬莱香。这种香形记载于《桂海虞衡志》："蓬莱香，即沉香结未成者。多成片，如小笠，及大菌之状。有径一二尺者，极坚实，色状皆如沉香，惟入水则浮，刳去其背带木处，亦多沉水。"这种类型的沉香是根据形状命名的，如山形的叫做"蓬莱"，与现今海南沉香常出的板头沉香类似。蓬莱香是沉香还未完全结成的状态，呈现为片状，像小斗笠、大菌菇，非常坚硬，在去除香背的木头前，是浮水的，去除后就能沉水。

二是虎斑香。这是一种皮质的特殊香体，外表黑色与黄色交杂，如同虎皮斑纹。其中沉水级别的叫做"虎皮沉"，不沉水的叫做"虎皮速"。

三是飞香。"飞香者，树已结香，为大风所折，飞山谷中，其质枯而轻，气味亦甜。"此香的特点是被风吹折，飘落于山谷中，品质比较一般，气味甜。

四是"斧口铲香"。"……盖先见香树，用斧伤之，而香即从伤处作结。其结不一，有松碎、硬碎、高门、沉水之分。松碎、硬碎等，可用烧炉。高门、沉水，则各衙门每购上供。所谓贡香。"这种香是香农以刀斧砍伤香树之后结出的香体，其中分为"松碎""硬碎""高门""沉水"四种。四种之中，"高门"和"沉水"品级最高，是专门用于进贡的；"松碎""硬碎"两者从名称上就可以反映出是细碎的小料，主要用于烧炉、焚香。

"虎皮斑纹"沉香做成的手串

《崖州志》中摘录了《续博物志》一段话，最后总结海南沉香特点：

> "儋崖所生梅桂橘柚之木，沉于水多年，皆为沉香"，非也。近日洋棋楠多
> 出，香气甚烈，价未甚昂。外属人往往为所误，不知洋香气虽烈逾几倍，冬则气
> 渐散。崖香气味醇和，历百年而不变，以其得地道之正云。

海南是一个香岛，有着很多种类的香料，其中也有能沉入水的，但是并非所有沉
水的香都是沉香，需要细细辨别。国外也有沉香，香气烈，价格比海南香低，不懂沉
香的人往往会去购买。洋香虽然烈，香气韵味却短，消散得也快，只有海南沉香气味
一直醇和而稳定。

中国品香人自古对海南沉香就抱有这种看法，今日也一样。海南沉香之所以出众，
关键在于一句："得地道之正"。这个"地道之正"，包含了很多中式哲学，是一个大学
问。首先，它指的是得天独厚的自然环境，海南沉香的优质，在于它处在一个正确的
位置上，由正确的位置塑造难能可贵的资源储备。第二，它含有一种精神上的深意，
代表了中国古代哲人所言的"大道"，如若踏上"大道"，便是一种以自然终极真理为
最终追求的人生方向。"大道"不偏不倚，所以才是"正道"，也是文人雅士、道家禅
客所追寻的方向。从这个意义上而言，海南沉香已经不仅仅是一种名贵的香料了，对
它的品闻，已然成为中国古代文人开展人生修行的重要精神生活。

第七章

学沉香就是要给它打标签

会打标签的"兰奢待"

中国古代的沉香分类方法十分烦琐，又像先秦诸子百家的理论一样相互交叉又各自不同，这些自立山头的种种说法导致后人在阅读沉香文献时常常被复杂的名称搞得晕头转向。况且一些稀奇古怪的品类即便被加以区分，也可能因为储量实在太少而缺少认知的价值。因而古典香学体系下的沉香分类方法到如今看来，倒更像是一种沉香的文化符号。

接下来我们要梳理的是现代沉香收藏市场上的沉香分类体系。在现代市场上，常存在几套沉香的分类方法，这些分类方法也比较烦琐，并且有着各自相对独立的体系。但这些分类方法有两个重要作用：一是向沉香的使用者们更好地说明种类，同时帮助选购和使用；二是向沉香的收藏者们提供一种收藏性上"讲究"——创造一些独特的名称以提升沉香藏品背后的文化性和收藏性。

全世界分类最细的沉香种类叫作"兰奢待"，细到这个分类下，全世界只有一块沉香。这块具有1300多年历史的沉香现被保存在日本奈良的东大寺中，属于日本国宝级文物，也是日本香道的历史标志，并有着"天下第一香"的美誉。这块香体如今已经被封存，世人无法品鉴它的香气，所以我们很难判断出这块香料究竟出产于哪一产区，属于什么类型，只能在日本相关的文献中查阅到"兰奢待"属于黄熟系沉香。有鉴于"兰奢待"巨大的收藏价值，其香本身品质必然十分出众，我们暂且推断它应属于《崖州志》中所说的"黄蜡"一类。

"兰奢待"的名称起得很有意思，乍看下似乎毫无逻辑，细品之则颇具深意。"兰"所指的是香体的整体气质：如兰花般独特的香味风格，仿若一种似有似无的悠远清香，同时将香比喻成如兰君子，暗含它具有的坚贞、俊雅、高洁的道德品质。"奢"字在表现了香体本身高贵的同时亦表现了用香过程中的闲情逸致。"待"字则展现了一种温婉的静候状态，犹如贵族女子的淑雅、沉静的品格。如此，"兰奢待"这个名字带来了一种"如兰幽远、静谧，闲情处，静待君来"的意境，是一个令人过目不忘、能产生一种如香入鼻感受的名字。

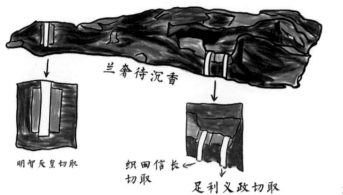

兰奢待手绘图

"兰奢待"的命名方式，实际上给了我们一个归类沉香的好方法：我们可以抛开产区和结香方式，通过香气、外观等特质来单独给予沉香一个能表现独特气质、韵味的名称。当然这种方法比较适合品香、乐香的文人雅士，在沉香收藏市场流通环境里，我们还是需要一些更接地气的分类名称。

在梳理现代收藏市场的沉香分类之前，我们再次重申一遍"沉香"两字在现代沉香市场语境下的定义：沉香是由瑞香科沉香树结出的含有沉香醇成分和沉香木质成分的香体。所以，是否叫沉香和香体是否沉水并无直接关联。

生香与熟香的区别

好了，接下来开始分类沉香：

第一种沉香的分类方法是经典的生香、熟香分类法。这种方法将沉香简单地分为生香和熟香两种。

生香是指从活着的沉香树体内获得的沉香；熟香是指香体所在的沉香树死亡，或者香体从沉香树上脱落出来的沉香。区分生香和熟香的关键，在于香农在自然环境下获得这块香体的时候，它是否存在于活树的体内。中国古代香农认为：在活树体内获得的沉香，无论其结香品质高低、时间长短，它终究是在香农的干预下停止了结香的

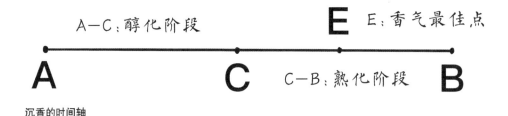

沉香的时间轴

过程，所以生香不能算自然状态下的完整结香。而当香体自己离开了母树，或者母树死亡，那这块沉香自此便无法继续凝结油脂，这才算自然状态下的一个完整的结香过程。

当沉香在活着的沉香树体内成长时，它的油脂不断增加，香体的体积和密度都在发生着变化，我们把这种变化过程称为沉香的"醇化"过程。与之相对应，当沉香离开母树，或者母树死亡后，香体作为一种植物的生命实际已经宣告死亡，它的油脂不会继续增长，于是它进入到"熟化"过程。

在生香状态下，香体处于能够结油的醇化过程中，因而理论上，这块香体的体积和油量还会变化；在熟香状态下，香体处于不再结油的熟化过程，而在这一过程中，香体也会产生一系列变化，如质量的损失。

有关沉香的生熟与香体品质的关系，我们还可以通过上图这样一条时间轴来加以说明。

我们假设从A点到B点是一段持续的时间线，A点代表沉香树伤口开始形成沉香油脂的时刻，B点代表这块沉香因为无人发现在自然环境下最后完全湮灭的时刻。中间的C点代表在这一时刻发生了香体离开母树或母树死亡的事件。

从A点到C点的这段时间中，沉香树会不断地供给沉香结香所需的营养，于是沉香的品质也会不断优化（至少不会降低），于是C点在理论上便是沉香生香阶段最好的结香状态。香农越是在接近C点的时候取得沉香，这块沉香就越接近完整的结香。

从C点到B点的过程中，沉香失去了母体生命的支撑，会产生一系列变化：首先，香体不会再继续增加密度和体积，香体中的油脂成分会有一定程度的挥发，木质成分也会因为树体细胞的死亡而朽解。在这一丢失质量的过程中，油脂成分的失去往往比香体中木质或水分失去的速度更慢一些。所以我们可以假设从C点到B点中间的某一处E点，此时为这块沉香油脂比例的最高时刻，此刻香熏，沉香的香气会处于一个最

大而油脂饱满的熟香

小且油脂单薄的熟香

碳化龟裂纹

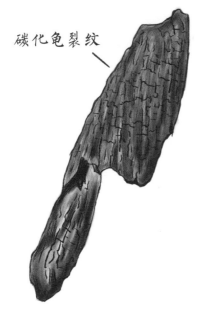

土沉香
保存完好的熟香，表面会
出现龟裂的痕迹，称为"碳
化纹"，是高品级熟香的
标志

佳状态。所以我们可以认为，在一块沉香从形成到湮灭的过程中，会出现一个特殊时刻——E点，这一刻应该是沉香香气的最佳状态，而这个最佳的状态究竟出现在什么时候，和它本身的状态及外界环境都有关系。

如果是一块油脂比较饱满的沉香从沉香树上脱落了出来，落到了泥土中，首先它表面的油脂开始挥发，外侧木细胞枯木化，外层的颜色发黄，油脂线变得模糊。然后香体内的木质细胞也会分解，木质结构中的水分逐渐流失，油脂也有一定程度的消失。但是由于香体油脂含量高，外侧会形成一个保护层，起到了保护内侧油脂的作用，于是当刮开这块香体枯黄的表面时，我们可以看到内里丰富的油脂线。这块沉香的香气会变得越来越纯净、柔和、稳定，逐渐达到最佳点（E点）。在最佳点之后，如果香体没有被妥善保存，在一段漫长的时间后，香体内部的香脂也会逐渐流失，最终变成一块结构松散的朽木。

如果是一块油脂比较单薄的沉香，当它进入熟化阶段之后，情况就不那么乐观了。首先，它原本就不多的油脂含量开始丢失，香体中高比例的木质成分朽木化，这两点都会影响沉香的香气品质，外部的油脂也无法形成保护内部油脂的作用，于是沉香进入品质逐渐下降的过程。那么，我们所认为的最佳状态E点，实际上和C点重合在一起了。

一块沉香最终能达到怎样的状态，充满了各种变数，它受到无数自然因素的影响，这也造就了每一款沉香独一无二的香气状态。

将沉香分为生香和熟香两种情况并加以区别，主要有两个作用：第一是确定这块沉香的收藏价值，在密度、产区与大小基本相近的情况下，熟香因为数量更加稀少，市场价值和增值空间会比生香要高一些。在工艺品市场上，生香的可塑性更强，因而多数沉香雕刻件手串都是用生香制作的，只有少数比较结实、饱满的熟香可以用来制作工艺品。第二是帮助调制香气，生香的香气和熟香的香气有明显的不同，所以在调和香气和品鉴的使用中也有很大的不同。

沉香的使用者可以根据香农在野外采香时获得香料的情况来判断生香和熟香，也可以通过香体的外观特征来判断。如果采用外观特征来判断的话，那么只有熟化程度较高的熟香才会具备较为显著的熟香特征，熟化程度较浅的熟香和生香在香气和外观上的差别就不会太明显了。

下面我们以较为典型的一块生香和一块熟香来作判断。

生香名片

冷闻： 在不加热的常温状态下，生香将散发出一定程度的气味，尤其是当空气湿度和温度较高时。

皮质： 颜色偏向棕黑色，香体表面的油脂线纹理明显。

质感： 木质感突出，香体较为坚硬，富有韧性。

热闻： 在点燃或者炙烤的时候，生香出香前期有更明显的清凉气味。

熟香名片

冷闻： 在不加热的常温状态下，熟香几乎没有什么香气，有些甚至有一定的土腥味。

皮质： 颜色偏向棕红色，也有黑色，香体表面的油脂线纹理比较模糊。

质感： 香体的木质特征并不突出，质感更接近腐木或者泥土。

热闻： 在点燃或者炙烤的过程中，香气发散得比较慢，凉味较淡。

在沉香收藏市场上，生香是比较普遍的，熟香则要相对少些，高品质的熟香尤为罕见，一块肉质饱满的熟香往往是高级别的收藏原料。

另外还需注意两点区别：其一，古籍中所记载的黄熟香，并不等同于现在所讲的熟香，黄熟香是沉香树根部所结的香体，因为深入泥土中，所以虽然表面具备熟香的特质，但往往品级很低，应属于生香一类；其二，树木有时候有枯荣相交的现象，即一部分树体是死亡的，一部分树体是存活的，所以沉香也有生熟相交的现象，但这种情况相对罕见。

以燃香、香熏为主的沉香分类方法

除了生香和熟香这套分类方法外，我们再来介绍一套较为实用的沉香分类方法，这套方法在当代的沉香交易市场上比较流行。

树心油

我们一般将树心部分结出的，在树体内顺着木质导管纵向分布的香体称为树心油。树心油往往生香为多，但不排除有熟香，其特点是表面有明显的棕黑色油脂线分

树心油

布（与树导管呈同一方向），油线呈棕黑色，有粗有细，中间为浅色的过渡，可以观察到棕色、紫色、灰色、白色。树心油也叫"两头尖"，因为它中间部分的油脂厚，两端油脂薄，在通过理香去掉白木后，香体会呈现两头尖的形状。

板头系

板头系沉香一般是沉香树体横截面结的香，所以香体一侧属于伤口面，另一侧属于油脂面。伤口的一侧有时凹凸不平，有时较为平整，根据香体受伤的状态而定。板头系沉香往往大块而薄，如果厚度厚，则品质一定较为出众。国内香农将伤口那一侧称为"面头"，油脂那一侧称为"板头"。根据面头的硬度和板头的颜色深浅来判断结香品质的高低。面头越是坚硬，板头颜色越深，整体厚度越厚，则品质越高，从而将品级普通者称为"板头"，品级较高者称为"老头"，顶级品质称为"铁头"。在大多数情况下，板头系沉香的伤口面往往处于上侧，油脂面处在下侧，油脂包裹在树体中，部分国内香农将这种类型的结香称为"顶"，将其中存放时间长、结香较优的称为"老顶"。大约是在此种结香方式下，香体的伤口断裂面总是处于树的最高处，成为顶面的关系。

板头系沉香

板头系沉香的油脂面

板头系沉香的伤口面

风景系沉香

风景系

海南香农将形状各异、结香品质中等的香体称为"风景货"，原因大约在于这些造型奇特的各类香体往往被做成摆件，成为类似于假山奇石一般的风景。

壳料香

壳料香往往结在树枝部分，所以离泥土较远，香气比较清透、清幽，但结香的位置位于香树的细枝末节，树体提供营养较少，所以香体往往小而薄，不堪大用，以制香为主。

边皮油

沉香树结香较薄，只结出一层薄片，而没有肉质，就是"边皮油"。边皮油中如果结香部分在树体内部，称为"排油"；如果结香部分在树皮上，称为"皮油"。古籍中记载的青桂香就属于皮油的一种。

壳料香

排油

土沉香

土沉

土沉是最常见的熟香类型，由香体在泥土中熟化后得到。土沉表面的肌理和泥土比较接近，根据其颜色不同，我们可以分为黄土沉、红土沉、黑土沉等几类，海南香农也常称其为"土熟"。

水沉

水沉在很多古代典籍中指的是"沉水"级别的沉香，如今也作为熟香的一种定义。它指的是香体结香完成后落入水中或是含水量较高的泥泽中熟化而来的香体。这种情况在国内沉香产区中并不常见，在印度尼西亚等产区倒是有一些。考虑到中国古代典籍有从海中捞出沉香的记载，水沉这种情况应当存在。

倒架

倒架指的是在死亡的香树体内获得的一种沉香，它可能出现在香树整体中，也可能出现在树体的断枝内，属于熟香的一种。倒架的结香品质根据实际情况会有所差异，国内香农往往将倒架沉香称为"死鸡仔"。

蚁沉

蚁沉有生香，也有熟香，它的结香有着明显的虫咬痕迹，也称"虫漏"，香体中往往包含一个及以上的虫眼。香农一般称"蚁沉"的，是指虫眼较多、整体块度较大的沉香；称"虫漏"的，往往是块度较小的。

蚁沉

以原料收藏为主的沉香分类方法

上述分类法主要帮我们挑选燃香和隔火品香的原料，另外还有一套分类方法可以帮助我们挑选沉香工艺品或沉香工艺品制作原材料。这套分类方法类似古典沉香分类中"沉香、栈香、黄熟香"的分类，主要通过结香后香体的密度将沉香分为沉水、沉水浮（有些地方写作"沉水符"）和浮水三个级别。在这个基础上，单独罗列出棋楠和红土两类。

沉水：普通生香中密度大于水的。

沉水浮：普通生香中密度小于水、大于水的三分之二的。

浮水：普通生香中密度小于水的三分之二的。

棋楠：一种独特品级的沉香（下文再详细讲述）。

红土：熟香中红色一种，也可按照密度分为沉水、沉水浮、浮水三个级别。红土的全称，即"红色土中熟化的沉香"。

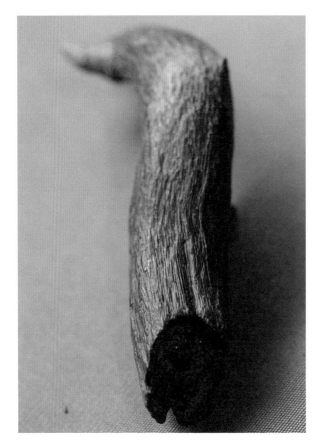

红土

将不同级别沉香
放入水中的状态

目前，收藏市场上多数沉香类的工艺品都可以被归到这套体系中。通过棋楠、红土、生香三个种类差别，以及沉水、沉水浮、浮水三个等级差别，确定其收藏等级。其中沉水浮中又会根据香体与水的密度关系分为七分沉、八分沉、九分沉几类。

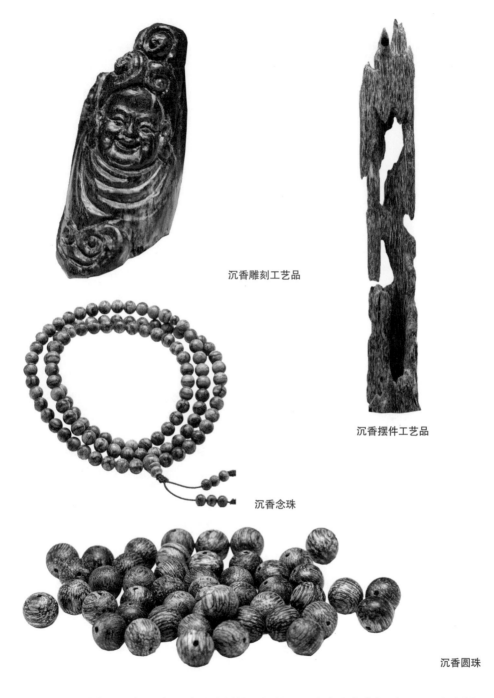

沉香雕刻工艺品

沉香摆件工艺品

沉香念珠

沉香圆珠

　　于是，我们可以把所有沉香的雕刻件、摆件、手串统统定出级别。以手串为例，我们直接通过下表，可以确定不同重量对应的等级。

表 7-1　沉香圆珠及手串对应的重量表

圆珠直径/mm	沉水等级/g	沉水浮等级/g	浮水等级/g	说　明
5	>8	6~8	<6	数量为 108 颗的念珠
6	>13	10~13	<10	数量为 108 颗的念珠
7	>20	16~20	<16	数量为 108 颗的念珠
8	>30	24~40	<24	数量为 108 颗的念珠
10	>60	46~60	<46	数量为 108 颗的念珠
8	>6	4~6	<4	数量为 21 颗的手串
10	>10	8~10	<8	数量为 19 颗的手串
12	>16	13~16	<13	数量为 17 颗的手串
14	>22	18~22	<18	数量为 15 颗的手串
16	>31	24~31	<24	数量为 14 颗的手串
18	>40	32~40	<32	数量为 13 颗的手串
20	>51	41~51	<41	数量为 12 颗的手串

　　按照这套分类方法，再加上沉香的产区价值，一位经验丰富的沉香经营者便可以通过这几个指标确定一件沉香工艺品在收藏市场上的价值。同样的，在购买沉香工艺品的制作原料时，也可以通过确定指标（不同密度等级与不同种类的不同行情）来判断购买原料加工的风险和收益。

　　显然，现代沉香收藏市场对沉香的分类方法比古代典籍的记录要简单和通俗，这些分类方法并非来自某人或者某个机构的专门制定，而是通过沉香市场的长期买卖过程而逐渐形成的。经验丰富的沉香收藏者和使用者可以通过这些分类方法决定如何购买沉香，如何提高性价比，如何物尽其用。例如，我们要选择的是一种主要用于调配气味、制作燃香的沉香材料时，就完全没有必要选择沉水或高密度树心油级别沉香，虽然这类沉香相比普通的碎料沉香有着更高的价值和品质，但用于燃香的性价比极低，数量也稀少且不稳定，倒不如使用普通碎料沉香更加划算。高品级的沉香原料更适合通过加工或雕刻制作成收藏品、饰品或采用香道中"隔火香熏"的方式来使用。

　　正是因为沉香分类的标准很多，有历史文化上的，有收藏市场上的，所以久而久之，沉香的爱好者们开始给沉香打上标签：在拿到一块沉香时，沉香收藏家们便可以根据密度、结香类型、结香形态等综合因素来给沉香打上标签，这样的标签越细越好，标签越多，所表现出的沉香品质便越为具体。比如，一块"30g 左右的海南尖峰岭沉水树心油生结沉香"，或者一块"200g 的越南富森产九分沉满肉老料红色土沉香"，光听名字，就基本能确定出它们的价值来。再来一张照片，经验丰富的玩香者甚至不用见到实物，脑子里就能产生对应的感受，仿佛鼻尖已经出现了那抹动人的香气了。

第八章

懂沉香要学好地理

沉香的三大产区

前文中多次提到，沉香的产区非常丰富，不同产区的沉香有着不同的价值，也对应了不同的气味类型，这种复杂性正是沉香文化的独特魅力所在。现代社会便捷的交通和通达的物流帮助沉香收藏者们能够探索到不同产区的沉香，也形成了全面的产区归类。

沉香的产区文化存在一个非常有意思的现象：初级的沉香学习者看待沉香产区，有一种看待游客探索当地特产的感觉，例如，中国的瓷器、西班牙的火腿、澳大利亚的袋鼠或者美国波士顿的龙虾等。于是他们知道了中国海南、越南有沉香，就跑去那里购买。当然，绝对不会有人跑去中国东北买沉香，因为那里根本不是沉香的产区。中级的沉香使用者看待沉香的产区，就像看待同一产品的不同品牌，比如西装有西装店品质的，也有阿玛尼品牌专卖店品质的，还有意大利著名设计师量身定制的。于是他们在购买沉香的时候，会详细询问是什么产区，哪一个山头的，因为不同产区的沉香有不同的价值。例如，相同密度和规格的沉香手串，印度尼西亚加里曼丹产区就会比巴布亚新几内亚产区更贵一些；而同样大小、密度的两块香料，海南沉香就比越南沉香更值钱。高级沉香的收藏者看待沉香的产区，更像是厨师分辨食材的差异，每个人都有衡量品质的不同标准，如我国东海的带鱼和黄海的带鱼有差异，品质又都比不上韩国济州岛的带鱼。但是高级的厨师总是知道，不同的食客有不同的偏好，不同的带鱼在不同的做法下，能出现不同的风味。所以在聪明的玩香人眼里，产区并不是限制沉香品质的枷锁，反而能让沉香具有更加丰富的搭配和使用场景。例如，海南沉香香气往往清透，但同等价位下越南沉香的油脂含量会更高，在制作明火香时，我国海南"生香壳子"更适合搭配"皮油"，越南芽庄的"生香"更适合搭配"富森红土"。

每一个沉香爱好者对沉香产区都有着不同的理解，而沉香的产区也绝对是沉香知识中重要的组成部分。要学习好沉香的产区，我们需要具备一些基础的地理知识，接下来，我将带着大家深入东南亚各国去探索不同产区的沉香。

我们先来看一张地图，这是目前已知的沉香分布区域。

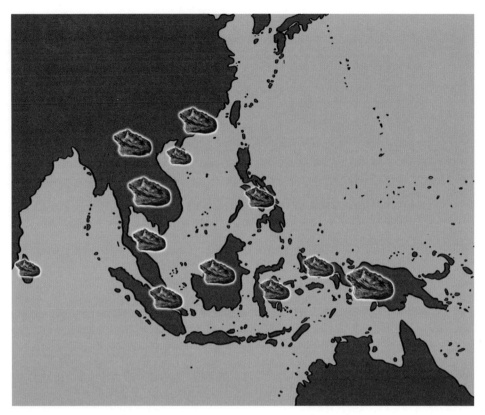

东南亚沉香产区分布

在本书的第三章中，我们曾将沉香树分布划分成三个区域，也就是莞香树、蜜香树、马来沉香树这三种。相应地，我们将沉香产区也分成三个大区：莞香系、惠安系和星洲系。

莞香系所包含的范围，大约是中国的海南省、广东省、香港特别行政区，以及云南省和广西壮族自治区的部分地方，因而莞香系也常被称为"国香"。

惠安系也称"会安系"，其所包含范围大致是现在的越南、柬埔寨、泰国、老挝、缅甸等几个国家。

星洲系的纬度更低一些，主要范围是以新加坡为中心的几个国家，如印度尼西亚、菲律宾、马来西亚、文莱、斯里兰卡、巴布亚新几内亚等。

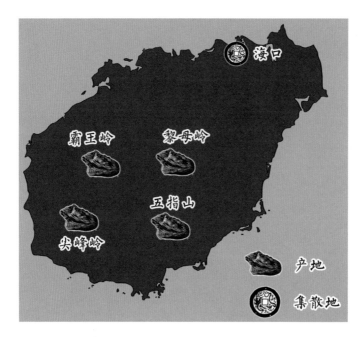

我国海南岛沉香产区分布

　　当代的沉香收藏界认为，目前所有在市面上流通的沉香均可列入这三大区域中。这三大产区的产量从莞香系到惠安系再到星洲系呈现递增趋势，在其他标准（如密度、块度、类型）大致相同的情况下，市场价格及收藏价值递减。因而目前莞香系中的海南产区是单价最高的沉香产区，这也符合中国古代典籍中的记载。

　　在海南沉香产区中，目前以海南尖峰岭、霸王岭两地所产的沉香价值最高，其中尖峰岭产区也有"海南第一产区"之称。

　　海南沉香目前数量比较稀少，高品级的野生料几乎被采伐干净，海南的香农常笑称："现在把海南岛倒过来，怕是也掉不出好香来。"其实并不是没有好香，而是好香都被商户捂得严严实实了。

　　莞香系的另一大产区在中国的广东省。广东省的地域面积要比海南大很多，野生沉香树的数量也要更多一些，但这一数量依然十分有限，多数的广东沉香主要是以种植沉香为主。广东作为人工种植沉香的大省，也是从业香农数量最多的地方。随着这几年沉香种植产业的快速发展，当代的香农也逐渐从野外采香转型至庄园型的种植采香。

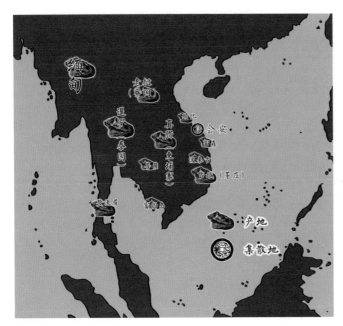

惠安系沉香产区分布
注：产地名称特指沉香产区名称，
与实际地名不同。

　　上图中所标注的产区，列举的是惠安系沉香中较为有名的产区，除此之外，依然有很多的沉香产区未予以标注。实际上，若是细化到山岭或村寨，以其名称命名沉香产区之数量将会非常多，也会造成分类过于庞杂。所以在多数情况下，还是以国名命名较为普遍，如越南沉香、柬埔寨沉香；若是其中有几个地区特别出名，则再往下细分至地名，如越南芽庄沉香、柬埔寨菩萨沉香。

　　星洲系沉香主要产区国为马来西亚、菲律宾、印度尼西亚、文莱、巴布亚新几内亚，以及图中未标注的斯里兰卡。同惠安系一样，星洲系沉香也会根据产区名气程度而细化至小地域的产区名称，如印度尼西亚沉香中也会有加里曼丹沉香、安汶沉香的细分。下图中所列为当代沉香玩家常涉汲的星洲系产区及所对应的大致位置。

　　国产沉香除了海南、广东两省以外，在广西、云南等地也产沉香。广西自古就是沉香贸易的集散地，在此处交易的沉香有"钦香"之称，但严格来讲产自广西的沉香数量依然十分稀少。在中国云南与缅甸交界的边境，也有沉香产出，但储量并不十分丰富。

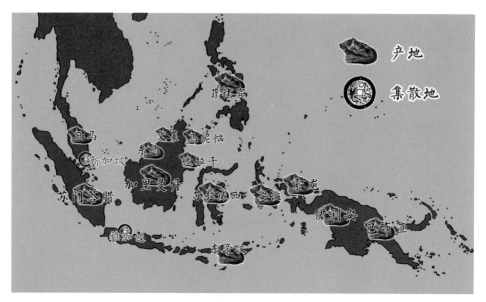

星洲系沉香产区分布
注: 产地名称特指沉香产区名称, 与实际地名不同。

古代的沉香产区

公元1405年, 三宝太监郑和带领船队从苏州出发, 自此开始了近三十年的航海之路。期间, 他七下西洋, 奠定了明代的海上丝绸之路。在他南下之时, 他的随从将沿途诸国各地的见闻记录了下来, 记录于《星槎胜览》和《瀛涯胜览》两本书中。书中详细描绘了郑和所到各国家的风土、人情、政治、物产等, 这其中, 沉香成为重要的记述内容。

自唐宋时起, 中国便开始从海外采购沉香, 直到明代海上丝绸之路的建立, 中国从南洋国家以贸易渠道进口沉香的数量便大大增加了。这些国家和地区的沉香就是惠安系与星洲系两大产区的沉香。

我们通过截取《星槎胜览》和《瀛涯胜览》中的部分内容, 可以看到沉香在不同的产区中与当地人之间的密切关系。

（占城国，如今的越南）其国所产巨象、犀牛甚多，所以象牙、犀角广贸别国。棋楠香一山所产，酋长差人看守采取，民下不可得，如有私偷卖者，露犯则断其手。乌木、降香，民下樵而为薪。

（真腊，如今的柬埔寨）地产罗斛香，焚极清远，亚于沉香。次有苏木、犀角、象牙、翠毛、黄蜡、大风子油。

（旧港，如今的印度尼西亚）此处之民，爪哇所辖，风俗与爪哇大同小异。地产黄熟香、速香、沉香、黄蜡并鹤顶之类。

书中所述的"棋楠""沉香""黄蜡""速香"都属于现在人认可的沉香一类。

在日本香道文化中，也有不同沉香产区的观念。日本镰仓时代末期的香道创始人三条西实隆将日本香道所品闻的沉香规划为六个产区和五种味道类型。产区分别是伽罗、罗国、真南蛮、真那贺、佐曾罗、寸门多罗，同时认为沉香有辛、酸、苦、甘、咸五种味道，由此而称为沉香的"六国五味"。日本香道产区中所谓的"六国"，并不十分精准地指出区域，例如，伽罗大约指的是越南，而寸门多罗大约是苏门答腊的音译，但产区具体在哪里，就并不十分重要了。划分"六国"，实际上是用于强调当时所用的沉香类型会根据品质与香气分成此六个种类。

区分沉香产区的意义

中国自古就重视对沉香产区的划分，在现代的沉香市场上，沉香产区概念已不仅是一个沉香出产区那么简单了，它同时也代表了沉香的身份价值和气味类型。比如，当我们说到芽庄沉香的时候，"芽庄"这两字代表的不只是地域，还有芽庄所产的沉香所对应的收藏价值和气味特点。

在沉香的收藏界，沉香爱好者们不仅会细致地区分沉香的产区，对同一产区的沉香，还会有正产区和偏产区的概念区分。

我们以越南芽庄产区为例，当一个沉香收藏者得到一块芽庄沉香，他会对这块沉香的气味进行评估，品品气味类型是否符合芽庄这一产区的典型特征（在玩香文化的传承下，玩香者们会逐渐对每一个产区的香型立下一种"共识型"的标准，这一标准便是典型特征）。由于产区覆盖范围较大，同产区所产的沉香的气味也并不完全一致，所以同样是芽庄沉香，有的香气符合典型的芽庄产区特征，有的香气则并不够典型（这种香气不典型跟结香品质不高也有一定关系），如此便产生了正产区和偏产区的区分。于是，品香者通过对气味类型的评估，将香气符合芽庄典型特点的产区称为正产区，而香气不典型或者不佳的称为偏产区。

所以，当品香者品闻沉香的过程中说出"香气很正"，或者"香气不正"的评价时，实际上是在对产区特点进行判断。

沉香的这种产区特征有点像普洱茶或岩茶，对所产区域有着苛刻的考量。在所有香料中，这是独属于沉香的独特内涵，全世界没有任何一种香料会如此精细地去考量它的出产区。同样的，类型和产区两个维度的交叉也令沉香产生了丰富多彩、变化无穷的香气类型，这便是品香者可以终其一生乐在其中去探索沉香气味变化的原因所在。

第九章

知香之乐

庄子的审美方法

在本章中，我们要真正开始面对沉香的气味，去探索玩香的乐趣。不过，在此之前，我们先来看看《庄子》中的一则寓言。

> 庄子与惠子游于濠梁之上。庄子曰："鲦鱼出游从容，是鱼之乐也。"惠子曰："子非鱼，安知鱼之乐？"庄子曰："子非我，安知我不知鱼之乐？"惠子曰："我非子，固不知子矣；子固非鱼也，子之不知鱼之乐，全矣！"庄子曰："请循其本。子曰'汝安知鱼乐'云者，既已知吾知之而问我，我知之濠上也。"

这一段庄子与惠子的对答节选自《庄子·秋水》，讲的是庄子和惠子两位好友辩论的故事。有一天，庄子和惠子在桥上玩耍，庄子看见水中的小鱼自由自在地游玩，于是感慨："小鱼是多么从容和快乐啊。"惠子与庄子交好，聊天毫无顾忌，就和庄子抬杠："你又不是小鱼，你怎么知道小鱼快乐？"庄子一听，心想你敢跟我抬杠，立马回应："你又不是我，你怎么知道我不知道小鱼的快乐？"惠子"杠精"发作，岂能善罢甘休，回应道："我不是你，自然不知道你的想法，你不是鱼，所以你也不知道鱼是不是快乐。"庄子心想惠子你小子没完了，还敢跟我诡辩，也太小看我的逻辑能力了吧，立刻回复道："你先搞搞清楚，根本问题是你先问我'从哪里知道鱼的快乐'。你这么问就是知道我已经知道了，我现在告诉你，我是在这桥上知道的。"

这段对话颇有趣味，历史上庄子和惠子究竟是否真正发生过如上的对话，我们是不得而知的，考虑到先秦文人喜欢用杜撰寓言的方式来阐明道理，估计此事很有可能并未实际发生过。不过这个倒不是我们需要深究的，我们需要思考的是为什么庄子看到了自由自在的小鱼会感受到小鱼的快乐，而小鱼是否真的快乐。

假如寓言中的小鱼不是小鱼，而是一群嬉戏的孩子，孩子们相互打闹，发出快乐的笑声，我们是否会感受到这种快乐？想必庄子发出"这群小孩子真是快乐"的感慨时，惠子再能抬杠，也不会说些什么。其实庄子的这种感受，是人之常情，我们把人类这种具备感知他人情感的能力称为"共情"或者"同感"。我们容易被快乐和悲伤的场景所刺激，从而获得相似的情感，或者经由内心情感的快乐或悲伤，赋予一些现象以快乐和悲伤的情绪。

现在让我们回到香气上面，若是庄子并未看到小鱼，而是闻到一阵香气，他能否产生同样的欢乐或悲伤的情绪呢。在中国古代的文人看来，画面也好，香气也好，乃至于文字，都是可以相通的，这其中都有着"共情"与"同感"。而文人们在品闻和判断沉香香气的时候，也都会采用这种"共情"和"同感"。假设我们在闻到香气的过程中，不能产生丝毫心理变化，没有愉悦也没有厌恶，那么气味于我们而言，变得毫无价值和意义。如果这种情况发生，那么这个气味的品闻者就仿佛失去人性一般，没有丝毫审美。像苏轼、周嘉胄这样的人，之所以能通过品闻气味获得精神上的变化，以至为香书写篇章，流芳后世，也正是因为他们具有审美的能力，他们能够将对香的感知上升到更深层次的精神感受，并予以表达。

我们先对香产生了共情，并借助这一共情，尽力向他人传递这一共情，以传递香气的审美感知。

但传达嗅觉审美并非易事，尤其是我们所要描绘的沉香。嗅觉是一种抽象的感受，我们很难不借用其他外物来描绘气味。例如，当我们说到某种事物具备了花香、蜜香或者药香的时候，有些人能够感同身受，但这并不是因为我们的描绘足够精准，而是我们借助了花、蜜、药等大多数人日常能接触到的外物的形象，通过这些外物给人的联想，让人产生共情。

当我们试图描绘沉香香气的时候，问题就要复杂很多，品香者不能简单描绘海南沉香香味，或者加里曼丹沉香香味，这样大多数人是无法有任何共情之感的。因为这两种气味，旁人日常很难接触到。

所以在接下来对沉香香气的叙述中，我会借用很多日常生活中的常见事物来描述气味，但需知一点：每个产区的沉香气味都是绝无仅有的，所以我所借用的事物只能用来类比，而不能达到百分百还原。例如，我们说芽庄沉香的本香期香味是一种蜜香，只是说它接近蜜的蜜甜型气味，并非等同于蜜的气味。

若想切实地感受沉香的气味，那就必须亲自入鼻品闻。庄子也只有真正变成了濠水中的小鱼，才能切实感受小鱼儿是何等的快乐，究竟是满足的快乐、悠闲的快乐，还是狂放的快乐。如此，他才能真正堵上惠子的嘴巴。

沉香的香气类型

好，接下来，让我们先建立一个沉香的气味体系。

沉香的气味对人嗅觉（包括三叉神经）的刺激主要可分为四种大类型：凉、甜、奶、辛。

凉气：可以分为清凉感、生凉感和酸涩感。清凉可以对应冰块气味，生凉可以对应叶青味或黄瓜气味，生涩可以对应酸梅气味或青苔气味。

甜香：是沉香的核心味道，可将其分为清甜、花甜、蜜甜、奶甜、浊甜。这是按照甜味从昂扬、清幽逐渐下沉到浑浊、厚重的感受来分的五个等级。清甜如同梅花清幽，甜味淡雅；花甜如同玫瑰、茉莉的芬芳甜香；蜜甜如同蜂蜜般浓稠的甜蜜；奶甜如同牛奶煮开后的香气；浊甜如同动物油脂带来的香甜。

奶香：有一些细微差异，大体可分为牛奶香、熟干果香、油脂香。

辛感：沉香有时会带有一种如花椒般辛麻的三叉神经触感。

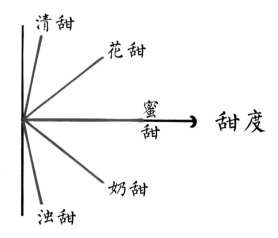

沉香甜香的方向感知

隔火香熏示意图

　　了解了沉香的气味类型，我们再来确认品香的概念。对沉香的细致品闻，一般不会采用燃香的方式，而是采用"隔火香熏"的方法。也就是将香料放置在高温物体的旁边，香料并不紧邻着火，也不直接燃烧，通过热源的辐射作用，让香料中的油脂催发香气。在沉香香气催发的过程中，气味会形成微妙的变化，因此在不同的温度和不同的时间段中，香气的类型和层次都会有不同特点。根据这种阶段性的不同，我们将沉香品闻的过程划分成三个阶段：

　　初香期：沉香加温挥发油脂的第一个阶段，这个时候的温度一般为70~90℃，以凉气逐渐消散为这阶段结束的标志。

　　本香期：初香期结束，或者温度提升到100℃以上的阶段，香气进入一段稳定的时期。

　　尾香期：本香期结束，香味逐渐进入最后的状态。此时熏烤的温度一般较高，香气变成一种若有若无的状态。

　　接下来的沉香香气感知，我们也会按照初香、本香、尾香的阶段来加以说明。由于沉香的种类太过丰富，在区分香气的时候，我们在每个大产区中选择了几个比较有特色的类型作为品闻香样，向大家描述沉香香气在品鉴过程中的变化及其中的乐趣。

品闻莞香系沉香

海南尖峰岭沉水沉香

香料上炉熏闻后，第一感觉是一种非常清幽、柔和的甜香，甜香中带着清凉感，这种清凉感可以被清晰察觉，但并不会显得特别突兀。凉味掩藏在丝滑的甜味之中，甜、凉的交合，给人以一种清新、跳跃的感觉，仿佛是炎炎夏日，于口渴难耐之际喝到的一口甘甜、清澈的山泉水，有一种无比的畅快与滋润之感。

在清凉味逐渐减弱后，香气进入稳定的本香期，此时清凉香味虽未完全消失，但也逐渐隐藏到了蜜甜香感之后，沉香的甜蜜在鼻腔中逐渐累积，令人产生一种温馨、安定的感觉。此刻若细心探索，可以感受到香气中有一丝如桂皮般的辛辣感并交杂了一种熟杏仁型的甜香。

在进入尾香期后，香气中的凉味完全消失，蜜甜感也失去了原有的跳跃性，蜜香走向了馥郁、沉稳的方向，逐渐厚重。在本香期捕捉到的那种熟杏仁香跃出并成为主调，同时香气中出现些许焦糖甜香，之后便逐渐淡出。

初香：清凉、清甜、清澈

本香：蜜甜且略带辛麻

尾香：馥郁的坚果香

海南尖峰岭沉水沉香
这是一块沉水级别的老料，从外观上看应属于树体横截面结香的板头一类，其香体的表面略微有些发黄，在使用香刀刮开表面的黄色枯木后，可以看到内里清晰而饱满的黑色油脂

这款香在品香时的阶段性转变非常明显，海南沉香的产区特征也尤为突出，尖峰岭产区属于非常具有代表性的海南沉香产区。

海南五指山生香

香料上炉后，初香是非常浓郁的水果型甜香，丰富且饱满，虽不十分清凉，但仍令人感到清新，令我联想到鲜嫩多汁的水蜜桃，品闻时满口生津。

本香期与初香期的感觉非常接近，并没有非常明显的分隔界限。如果仔细区分，初香期的清新感会更强一些，本香期的甜蜜感更浓。仿佛是气味先在欢快地舞蹈，随着兴奋程度慢慢下降，转成了安稳的状态。

香气非常耐熏，在经历绵长的本香期后，逐渐进入尾香阶段。这时的蜜香在非常缓慢的节奏下转为了熟杏仁般的香气，直至渐渐消失隐去。

初香：清新的水果甜香

本香：清甜转为蜜甜

尾香：蜜甜转为熟杏仁香

这款料子的香气转变非常平和，甜蜜的感觉贯穿于三个阶段，并稳定如一。品闻时需要内心处于十分细腻和安定的状态中，才能于嗅觉中发现其中细微的变化。总体上依然是典型的莞香特点。

海南五指山生香
这是一块高品级的老料壳子，伤口面很老，带有一种沧桑感，油脂面的油脂饱满，油线非常清晰

云南栈香

香料上炉后，初香是一种由清凉感、草青气和微弱的青梅型酸组合而成的味道，能明显察觉香气中带有的木质气味，猜测应该是结香不够充分导致的缺点。速香、栈香往往在品闻过程中会出现此种情况。

本香期依然是蜜甜香，此时草青气逐渐消失，但青酸味依然存在，能感觉到香气中有明显的杂质感，使得整体的韵味不够干净和纯粹。

进入尾香期后，香气与本香期并没有明显的不同，给人的嗅觉感受逐渐变淡。

初香：清凉、草青气、酸

本香：蜜甜、酸

尾香：蜜甜、酸

云南沉香严格来讲也属于莞香系，但香气有时会带有明显的会安系特征，可以说杂于两者之间。这款香是典型的因结香不充分造成的香气涩而杂味多的香样。

云南栈香
这是一款普通的刀口生结，外表皮油脂线饱满，但是结香较薄

广东虫漏

此款沉香在上炉熏闻后，首先入鼻的是一种清新的甜香气，闻后喉咙有些发凉，同时香气中还带有一些脂粉味和轻微的土腥感。初香的香韵比较短，凉感消失得很快，随后出现了一种青涩的水果型香气。

本香期后青涩感逐渐褪去，呈现为稳定的蜜香味和微弱的坚果香味，蜜香中夹杂着轻微的草木青香，两者形成一种微妙的组合。

本香期到尾香期的过渡非常平稳，没有明显的变化，之后草木青香逐渐消失，蜜香持续稳定，由强逐渐变弱，最后出现焦糖般的香气。

初香：涩凉、蜜香、土腥气

本香：蜜香、草木青香

尾香：焦糖香、蜜香

广东沉香从收藏价值上讲，要远逊于海南沉香；从香气类型上来说，两者最主要的差别在于甜香的清澈感与持久度，海南沉香要更优一些。此款香最明显的特点是具有草木的清凉感，同时也具备广东地区沉香清甜的典型特点。

广东虫漏
这是广东地区产的一款普通虫漏沉香，外形是典型的外部包裹油脂、内部中空的虫漏结构

• 莞香系沉香香气特征总结：莞香系沉香的香气特点可以总结归纳为四个字——清、跃、幽、甘。"清"是指香气在韵味上会给人一种清新、自然的心理感觉，其中高品质的会令人产生一种干净、纯粹回味；"跃"指的是在品香过程中，通过香气感受到一种跳跃的特性，会让人产生一种清气上扬的心理感受（品香者形容为香气由鼻直达头顶从百汇穴外蹿飘升的感觉）；"幽"是香气所带来的一种幽深感，它让人产生一种深邃而缥缈的画面联想，香气此时产生了一种若隐若现而又引人探索的感受；"甘"是沉香气味本身最大的特点，我们可以形容莞香系沉香的香气为甜而知止，芬芳而不腻味。当一款莞香系沉香具备了如上四个优点，且并没有酸涩、土腥等缺点时，就算得上品质出众了。

品闻惠安系沉香

芽庄生香

此款香料在上炉以后，初香是一种穿透力极强的清凉感，在上炉的瞬间，闻到的似乎是极度清爽的冰块气味。初始阶段的香气中只有浓浓的凉意而没有甜意，等到凉意逐渐由浓转淡后才开始出现芬芳的蜜甜香气。此时香气中凉意并没有完全褪去，喉咙上凉感仍然十分清晰。

随着清凉感的逐渐变弱，香气进入本香期。本香期是稳定的蜜甜香气，带有若隐若现的花香感，虽然无法形容是哪一种花的香气，但我切实感受到了一种鲜花才有的芬芳。本香期的过程非常绵长，随着凉感逐渐减弱，剩下的便是仿若永恒般持续的蜜甜。

到了尾香期，蜜香中慢慢出现了熟坚果的香味，蜜香和坚果香相互交织令人产生强烈的愉悦感。

初香：清凉、蜜甜

本香：蜜甜、花香

尾香：蜜甜、坚果香

芽庄是惠安系沉香的代表性产区，这款香在品闻的过程中，从初香到本香的变化是非常明显的。清凉感的逐渐转弱和熟坚果香的出现是三个阶段之间的明显分界，沉香的木质蜜甜是贯穿这款沉香的重要标志。

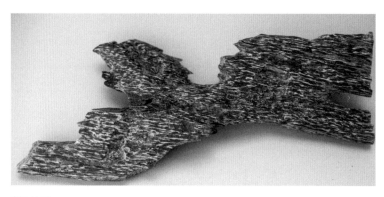

芽庄生香
这是一款越南芽庄所产的高品级沉水生香，香料油脂饱满，肉质厚实，表面油脂线清晰可见

芽庄脱落熟香

香料一上炉，产生的初香就十分丰富，香气中包含了微弱的凉气，浓郁的蜜香、花香，馥郁的坚果型香气。香气中各种味道组合的层次感非常清晰，令人产生捉摸不定的感觉。

从初香期、本香期到尾香期，这款香料的气味一直非常稳定，并没有产生明显的变化。在各个阶段的变化中，唯一能切实感受到的是：随着品香时间流逝，香气中本来就微弱的凉味终于消失，坚果味和蜜甜香之间一直进行着此消彼长的较量，冲击着品香人嗅觉的感知。

初香：蜜香、坚果香、凉气

本香：蜜香、坚果香

尾香：坚果香、蜜香

这款沉香没有明显的初香、本香、尾香的阶段变化（很多熟香都如此，香气更加稳定），香感主要走的是馥郁、醇厚的路线，给人一种稳定而踏实的感觉。在香气的品闻过程中，这款香如同一位老者，在我读到它的时候，便能感受到它历经沧桑后的沉淀。香气十分复杂，故而无法感受到它在三个阶段中的变化过程，或者说它每一刻都存在着变化。

芽庄脱落熟香
这是一款有些熟化特征的香料，表面的油线虽
不十分清晰，但油脂十分饱满，整体有些发黄

惠安树心油沉香

香料在上炉后，初香是清凉和甘甜，有点像梨所散发的清香。

清凉感消失得很快，香气不久便进入到清新甘甜的味道。在进入本香期后，香气的味道有些接近海南沉香：甜而不腻，正而不妖。但在细细品闻后，还是能发现两者明显的不同。这种不同主要体现在香气的韵味上，惠安产区沉香的香韵缺少一种幽远的感觉，也无法让人有上扬的感觉，香气的甜感总是汇聚在鼻腔深处。

在进入尾香期后，甘甜转变成蜜甜和木质香，重新恢复了惠安系沉香的典型特征。

初香：清凉、甘甜

本香：甘甜

尾香：蜜甜、木质香

沉香名称中的惠安名称中主要指的是越南中部产区，包括广南、顺化等几个产区，而惠安系指的是沉香一个系列产区的总称，品香者要区分好两者的不同意思。这款香是典型的越南中部沉香，它的香气和芽庄沉香类似，都是以蜜甜作为香的主基调。但越南中部香的蜜甜气味比起南部的芽庄沉香要淡雅一些，整体也要更加清透一些。

惠安树心油沉香
这款香具有典型的树心油沉香特点，油脂黑且有些发亮，油线清晰，两端尖而中间饱满，质量扎实

富森红土

香料上炉后，初香开始时是一种非常清透的甜味，似乎是从很遥远的地方慢慢飘来的，略有些单薄。细细品闻后，可逐渐感受到花香气和果香气融和在其中，之后凉味渐渐升起，与甜味丝丝交融。在其中一个阶段，蜜甜香气和花果香气瞬间扑鼻而来，有一种喷涌而出的感觉，清新怡人且芬芳扑鼻。此刻的香气瞬息万变，一秒都不可错过。之后强烈的香气会逐渐减弱，香味也由清透变为馥郁，凉味逐渐消散，进入本香期。

本香期是柔和的，甜香持续而稳定，品香者能感觉到平静、安稳的香气不断进入鼻子，凝聚在鼻腔内部和上颚深处，久久不散。香气有一种介于稳定和若有若无之间的状态，并令人感到非常温暖。

进入尾香期后，丰富的香气最终变得单一，一种浓郁且饱满的甜蜜香气盖过其他气味。最后出现熟坚果般的香气，香味愈发厚重和沉稳。

初香：清甜、花果香

本香：蜜甜、花果香

尾香：蜜甜、坚果香

越南中部产区富森所产的红土是越南的标志性沉香品类，它以出众的花果香气而闻名。品闻此款红土最美的时刻，是在由初香转本香的那个阶段，各种香气接踵而至，犹如百花齐放的状态，令人感受到来自沉香的自由和热烈。

富森红土
这是一款越南中部富森产区特有的红土品种，为典型的土中熟化的熟香，外观呈褐红色的腐木状态，油脂线非常模糊，表层因风化而油脂较薄，内里油脂丰富

柬埔寨菩萨沉香

香料上炉之后，初香一开始有些生涩，像是未成熟的水果，但这种生涩味很快就会消失，取而代之的是一种清凉感。随着品香时间的持续，香气中的清凉感逐渐加强，伴随清凉感而出的是蜜甜香。这种蜜甜香带有一种独特的幽深感，让品闻者仿佛置身于潮湿的雨林中，感受到苍翠的山林气味，又像是一种奇妙而潮湿的花香味。

本香期开始出现极具柬埔寨沉香特点的花香与蜜甜，芬芳、张扬且清晰、稳定。本香期很漫长，在花香感逐渐减弱后进入尾香期。

尾香期的香调从轻扬转向馥郁、下沉，饱满的坚果香出现，并持续、稳定地展现魅力。

初香：生涩、清凉、花香

本香：花香、蜜甜

尾香：坚果香、蜜甜

柬埔寨菩萨省产区位于洞里萨湖附近，是柬埔寨沉香最优质的产区，其所产沉香最突出的特点是在品香的前、中期会产生一种幽深、潮湿的花香气味。这种香气辨识度很高，引人入胜。本款沉香所体现的气味正是这个产区的典型特征，令人品闻后产生了一种身处山林间的旷达与愉悦之感。

柬埔寨菩萨沉香
这是一块外形如犀角的沉香，油脂面在外侧，
内侧为伤口面，油线较粗且饱满，油脂丰富

老挝生结香

香料上炉之后，初香是非常短暂的清凉感，然后出现了清甜香气，甜味十分清透且不厚重，并带有一些豆蔻般的清凉香气。

在进入本香期后，香气出现水果型的甜蜜香气，甜味丝丝入鼻，顺滑而清透，有些类似梨子的香气。本香期一直保持这种甜味，香气虽变化不大，但也不会令人感觉单薄。

尾香期，香气开始变得厚重一些，蜜甜香开始变强，并出现了杏仁般的坚果香气。

初香：清凉、清甜

本香：清甜、果甜

尾香：蜜甜、坚果香

老挝沉香产区所处的维度和越南中部相似，水土环境也接近，香气类型上也有很多相近的地方，有时候很难区分。此款沉香的香气偏向于清透型，甜度并不高，但非常柔和、淡雅。

老挝生结香
此款沉香为条状油脂，正面油脂线沿着木质
纹理均匀分布，清晰饱满，反面为伤口面，
香体较硬，密度沉水

• **惠安系沉香香气特征总结：**惠安系沉香的特点可以概括为"芬芳"和"浓蜜"。"芬芳"是借由香气给人带来的一种强烈的外扬感，这种外扬感有两种方向，一种是水果般的清新甜香，另一种是丰富的张扬花香。前者的代表是越南广南和老挝所产的沉香，后者的代表是柬埔寨菩萨产区和越南富森产区所产的沉香。"浓蜜"指的是香气中浓厚、醇正的蜂蜜般香气，这种味道以芽庄产区沉香为典型代表。芽庄沉香的蜜香是一种凝聚感非常强的香型，它的实质感很容易被捕捉，且这种蜜味不同于海南沉香的甜味。前者是缠绕在鼻腔和舌根位置的，后者有一种清透飘升的感觉，而这两种不同的甜味方向也是惠安系和莞香系最大的差别所在。

优质的惠安系沉香在品闻中应包含初香中的清幽与芬芳；本香中的花香与蜜甜；尾香中的醇厚和馥郁。品质略低一些的容易出现生涩感、蜜香出香时间短、香气整体不够纯粹等缺点。

品闻星洲系沉香

加里曼丹沉香

香料上炉以后是浓厚的脂香味和奶香，并间杂着一些草酸气。香气中浊厚的脂感带来一种厚重而下沉的想象，通过细细分辨，还能感受到香气中明显的药苦味。

香气从初香期到本香期的变化是微弱的，进入本香期后，主要特征是持续不断的脂感和浓厚的奶香，其中奶香成为主要的基调。

尾香阶段出现了一点焦糖香气。

初香：奶香、草酸气

本香：脂香、奶香

尾香：脂香、焦糖香

加里曼丹沉香是星洲系沉香的标准香气类型：整体以浓厚的油脂感和馥郁的奶香气交杂为主。在品闻的过程中，香气缺少阶段性的变化并始终保持稳定。

加里曼丹沉香
这款香是沉水级别原料制作完工艺品后的碎料。虽为碎料，但就品香而言，它与完整料并没什么区别。这款香油脂深黑、饱满，质感坚硬，体现出典型的沉水级星洲系沉香的特点

达拉干沉水黄蜡

香料在上炉之后，初香是强烈的清凉感结合蜜香与奶香，有如橘柚型鲜果的甜香，整体上是一种芬芳、昂扬的基调，韵味悠长。

在清凉感逐渐褪去之后，香气逐渐进入本香期，本香是一种甜蜜的奶香与丰富的花香的结合，两种香气非常巧妙地融合，给人一种欢乐、温暖而又充盈的感觉。

进入尾香期，花香逐渐消失，奶香气逐渐减弱，最终回归到星洲系沉香常见的丰腴脂香。

初香：清凉感、奶香

本香：奶香、花香、蜜香

尾香：脂香、奶香

达拉干沉水黄蜡
这款香整体颜色呈蜡黄色，在部分位置分布着清晰的黑色油脂线，油脂饱满，密度高

本款香结香级别较高，因而香气在品闻时会产生很强的层次感，气味的余韵也颇为悠长。初香、本香、尾香都有明显的阶段性特点，给人以较强的愉悦感。在本香阶段，香气中的花香和奶香丰富、饱满地组合到一起，形成了一种达拉干沉香的独特的产区特征，但并非所有品级的达拉干产区沉香都有这种优秀的特点。

文莱沉水沉香

香料一上炉，香气便十分明显，是一种略带尖锐的清凉气和浓郁的草木青酸香气的组合，香气中的清凉感穿透力很强，具有很高的辨识度。

随着时间流逝，这种独特的草木清香开始减弱，随后进入本香期。在本香阶段，香味中的凉气逐渐消失，青酸气持续稳定，此时香气中出现了星洲系典型的脂香和奶香。

进入尾香期后，奶甜香味逐渐消失，浓重的脂香味持续稳定。

初香：清凉、草木青酸气

本香：脂香、草木香、浊厚的蜜香

尾香：脂香

文莱是星洲系中的一个小产区，所产的沉香有非常明显的产区特征和很高的辨识度。沉香收藏者常称文莱沉香为"开袋酸"，指的是文莱沉香的工艺品在开袋以后，有一种非常强烈的清凉感、草木青酸香气和甜香形成的组合型味道。这种香气类型为文莱和东马来西亚高品级沉香所常有的特点。

文莱沉水沉香
这款为沉水级别的文莱产区沉香，香料油脂饱满，浓密的油脂线组成黑色的片状油，在常温状态下依然有着浓郁的香气

加雅布拉沉水沉香碎料

香料上炉后，初香是脂香和奶香气的组合。这种奶香不像加里曼丹沉香和达拉干沉香的奶香，它给人的感觉要更加浑浊、厚实。在品香的过程中，香气一直非常稳定并有轻微的涩凉感，当涩凉的香气消退后，香气进入本香期。

本香是脂香和奶香的组合，馥郁且饱满。

尾香是非常厚重的脂香气。

初香：脂香、奶香、涩凉气

本香：脂香、奶香

尾香：脂香

加雅布拉属于印度尼西亚群岛东侧产区，这一区域沉香的香气往往属于浊厚的脂香型，一些品香者形容其为"肥皂"香气。且印度尼西亚越往东的产区，这种香气中的油脂感就越为明显，包括安汶、索隆、伊利安，巴布亚新几内亚所产沉香都属于这一类型的香气特点。

加雅布拉沉水沉香碎料
此款香料是沉水级别的碎料，油脂饱满，油线清晰，颜色为黑褐色

• **星洲系沉香香气特征总结**：星洲系产区沉香香气特征可归纳为"厚、脂、奶、醇"四字。"厚"是香气整体给人厚实的感觉；"脂"是其香气主基调为丰厚的油脂型；"奶"指的是往往出现奶香；"醇"指的是气味给人带来浓稠的想象。星洲系沉香香气可以以加里曼丹产区作为标准气味来分作三个方向：第一是以东马来西亚、文莱沉香为代表的香气方向，清凉感强，在初香和本香阶段有着独特的草木青香，并略带酸涩气；第二是以西马来西亚、印度尼西亚达拉干沉香为代表的香气方向，清凉感强，奶香醇正不浊，本香阶段有花香和奶香的组合，尾香才开始出现脂香；第三是以印度尼西亚安汶、伊利安沉香为代表的香气方向，主基调是脂香味，香感厚浊、低沉，让人产生"动物型油脂"的想象。加里曼丹沉香则同时具有这三个方面的特点，但强度上要弱一些。

沉香的香气种类丰富，产区特点只能代表它的一种大方向属性，而几乎每一块沉香都有它细微的特别之处。在我们品香的过程中，每一次的品闻时间大约只有十几秒，而一款香一般只能进行几次品闻。在这几十秒的呼吸过程中，我们需要尽量平和自己的内心，放松感官状态，来深度感受沉香香气，感受这一独特的自然之物的魅力。

在品闻沉香时，一开始感受到的是气味类型和它带来的丰富愉悦感；在平静内心后，我们再通过极为细腻的感知，慢慢去寻找气味中的层次感和变化性；最后，通过人的情感和想象，借由香气的引导为自我构建一段独特的心路历程，用这几十秒创造一次独特的心灵之旅。

在庄子的年代，并没有这样的沉香收藏文化和品闻方式，但这种对美的探寻，是古今相通的。假设庄子闻到了沉香，并感受到了它丰富的气味，以他"物我两忘"的人生境界，又将会产生怎样的奇妙感知和论述呢？也许庄子的品香会如他梦蝶这般玄妙：不知是我呼吸了沉香，还是沉香呼吸了我。

对沉香香气的探索和想象，便是知香之乐。

第十章　棋楠的难题

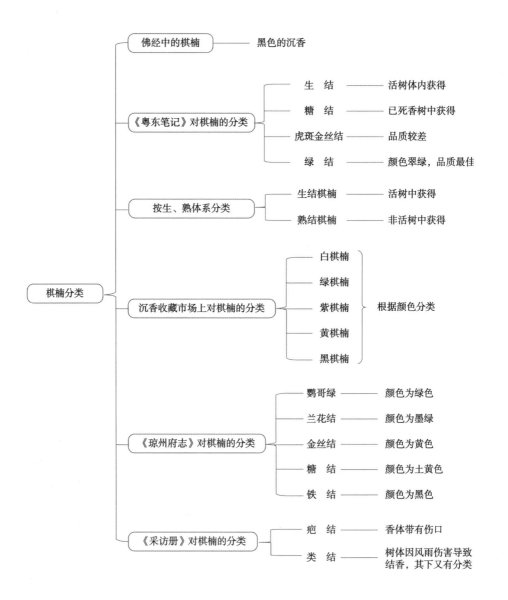

棋楠的本意

在前面部分，我们探讨了沉香的文化、生成、分类、产区、气味等内容，这是沉香的核心内容，我们似乎已经说遍了。但在这核心的核心，还有一个部分，需要我们再重新为它展开探讨一番。这个种类在所有沉香种类中，有着独一无二的地位，我们称它为"棋楠"。

棋楠的独特，不仅仅体现在其惊人高昂的价值和难得一见的品质上，还表现为收藏者们对棋楠的认知里，似乎有一层说不清、道不明的神秘色彩。棋楠是个真正的难题，并且是一个价值连城的难题。我们不妨这样类比：棋楠之于沉香，就好比是"哥德巴赫猜想"之于数学，嵇康的《广陵散》之于古琴——它总是最独特、最难以捉摸的那一个。

棋楠究竟是什么？

我们不妨先来看看棋楠这一名字的解释：

棋楠一词音译自梵文，梵文写作"Tagara"。在中国，直到唐代之后才有汉字"棋楠"一词的使用。棋楠作为舶来词，写法和叫法有很多种，比如"奇楠""多伽罗""伽兰""伽楠"等。日本香道中便没有棋楠这一叫法，而称为"伽罗"。

梵语中棋楠直译的意思是"黑色的沉香木"。元代僧人释善住撰写的《谷响集》中记载："伽罗翻黑，经所谓黑沉香是矣。盖昔蛮商传天竺语耶，今名奇南香也。"

意思是："伽罗"是黑色的，经书中说的黑沉香就是了，名字是外国商人根据天竺语翻译过来的，可以叫"奇南"。

按照此段解释，棋楠应该就是"黑色的沉香"。这就是答案吗？沉香界的"哥德巴赫猜想"也不过如此嘛！答案当然不会这么简单，否则也不会困扰沉香收藏界和植物学界这么多年了。

如此解释棋楠，似乎有些太过敷衍、太过肤浅了。这就好比某个小道士有一天读了老子《道德经》开篇的那句"道可道，非常道"之后，就立刻恍然大悟：原来道的意思就是不能随便说道的。于是他逢人便说自己悟道，动辄用"道可道，非常道"来解释"道"。若我们用"黑色的沉香"来解释棋楠，就像这个小道士说"道"，看似在回答，其实什么也没有回答。

通过前面几个章节的论述，我们知道普通的沉香也有黑色的，而且非常多，现今的沉香届也从不把"黑色"作为棋楠的判断标准，那么这样的说明似乎就没什么意义了。其实，如果棋楠一词是出现在佛经和佛教的相关讲述中，我们大可不用纠结它具体指什么物质。佛经中的棋楠就是一个概念，起到一些特殊的作用。

第一，在佛经中，特殊的香料具有辅助修行的作用。《楞严经》记载："香严童子，即从座起，顶礼佛足，而白佛言：'我闻如来，教我谛观诸有为相，我时辞佛，宴晦清斋，见诸比丘烧沈水香，香气寂然来入鼻中。我观此气，非木非空，非烟非火，去无所着，来无所从，由是意销，发明无漏。如来印我，得香严号。尘气倏灭，妙香密圆。我从香严，得阿罗汉。佛问圆通，如我所证，香严为上。'"

香严童子通过观看沉香的烟气，品闻沉香的气味，领悟了"无漏"这个道理，得到了"阿罗汉"的阶位。此处沉香成为重要的工具，目的是帮助使用者获得佛教体系下的精神提升。

第二，特殊的香可以作为佛教徒对高修行者的一种供养。《贤愚经》中就讲了这样的故事："佛陀当年住在祇园时，有长者富奇那建造了一座旃檀堂，准备礼请佛陀。他手持香炉，遥望祇园，梵香礼敬。香烟袅袅，飘往祇园，徐徐降落在佛陀头顶上，形成一顶'香云盖'。佛陀知悉，即赴富奇那的旃檀堂。"此处的香在其中成为一种信仰传递的媒介，帮助佛教徒寻找智慧高的修行者。

结合以上两点，我们可以推测，在佛教文化中，沉香、棋楠一类的香，是具备特殊功能的香料，其作用像水从高处自然流向低处一样，它会自然地帮助使用者寻找和增长智慧。当然这种功能一定不是在任何情况下使用都可以达到的，需要得到使用者精神力量的加持。这有点像《周易》卜卦，讲究的是"心诚则灵"，需要发乎其心。

所以我们看佛经中所记载的，沉香也好，棋楠也好，其使用目的大多离不开传递和开悟，它和信念是密不可分的。如果过于考究棋楠在物理上是一种什么东西，就没有必要了。换句话说，这不是佛经力图去探讨的内容。比如棋楠的翻译就是"黑色的沉水香"，学佛之人知道到这个程度就可以了，无须再做深入解释。学佛者要知道的重点是棋楠在佛教体系下有什么作用，该如何使用。这就好比说，我们读到梵语中的"般若"，直接的翻译是"无上的智慧"。我们需要深究的是如何获得这种"无上的智慧", 而不是去物理上解释"般若"是什么? 有没有二等、三等的智慧? 它们之间有什么差别? 差别多大? 这不是文字能说得清的, 就无须用文字探讨了。

那么问题来了, 古往今来, 沉香市场上的那些棋楠究竟是什么?

《粤东笔记》说棋楠

若是将棋楠放入一个具体的香料和植物范畴中, 中国古代的棋楠研究者们已经给出了一个比较系统的说明, 我们先来看一下《粤东笔记》中关于棋楠的一段记载。

> 伽楠, 杂出于海上诸山, 凡香木之枝柯窍露者, 木立死而本存者, 气性皆温, 故为大蚁所穴。大蚁所食石蜜, 遗渍香中。岁久, 渐浸。木受石蜜气多, 凝而坚润, 则伽楠成。其香本未死, 蜜气未老者, 谓之生结。上也。木死、本存、蜜气膏于枯根, 润若饧片者, 谓之糖结。次也。岁月既浅, 木蜜之气未融。木性多而香味少, 谓之虎斑金丝结, 又次也。其色如鸭头绿者, 名绿结。掐之痕生, 释之痕合。按之可圆, 放之仍方。锯则细屑成团, 又名油结。上之上也。伽楠本与沉香同类, 而分阴阳, 或谓沉, 牝也, 味苦而性利。其香含藏, 烧乃芳烈, 阴体阳用也。伽楠, 牡也, 味辛而气甜。其香勃发, 而性能闭二便, 阳体阴用也。藏者以锡为匣, 中为一隔而多窍。蜜其下, 伽楠其上, 使熏炙以为滋润。又以伽楠末养之, 他香末则弗香。以其本者返其魂, 虽微尘许, 而其元可复, 其精多而气厚故也。寻常时, 勿使见水, 勿使见燥风霉湿。出则藏之, 否则香气耗散。

在清代民俗学家李调元所著的《粤东笔记》中, 非常细致地描述并解释了棋楠的生成、等级、分类、使用、收藏、保养等各方面内容, 文字同时融合了故事性、传奇性、文化性、收藏性, 可谓深得收藏书的精髓。

首先是关于棋楠生成的说明: 棋楠分布在海外的各处山上。这里的"海"指的是中国南海, 所以棋楠的分布范围大概是在中国的海南岛及南面海外的一些地方。沉香木的木头和枝干上有一些小洞穴, 洞穴里面非常潮湿、温暖, 因此吸引了很多大蚂蚁进来蛀穴居住。大蚂蚁吃了石蜜，蜜汁浸渍在树洞中，木头通过蜜汁的常年滋养，凝结成了形，就是棋楠。

从李调元的这段描述中看，棋楠应该是由大蚂蚁、石蜜、沉香木三者之间通过某种神奇反应融合而成的，而这种有趣的融合方法乍看下还颇有些炼金术士与巫师魔药的味道。

蚂蚁和沉香木都能理解，那石蜜是什么呢？南传上座部佛教经典《善见律》记载："广州土境，有黑石蜜者，是甘蔗糖，坚强如石，是名石蜜。伽尼者，此是蜜也。"石蜜就是甘蔗糖，梵文名称叫"伽尼"，听上去与"迦楠"之名似有暗合。

书中接下来开始对棋楠进行分级，分级的方法和沉香分类类似，比较好理解。棋楠中的上品是"生结"，香体还在活树体内存活，所以"蜜气"没有老，香气也比较鲜活。次等的叫"糖结"，香树虽然死了，木质尚存在，香的蜜气有点枯竭，质感润泽，像糖片一样。再次一等的叫做"虎斑金丝结"，特点是木头和蜜气结合的时间比较短，没有完全融合，所以香体中香的部分少，木质的部分多。在各种棋楠中，有一种最好的、颜色如鸭子头的翠绿，叫"绿结"。绿结的特点是质地柔软且有弹性。

生结棋楠

糖结棋楠

虎斑金丝结棋楠

绿结棋楠

《粤东笔记》形容绿结：用手可以掐出痕迹，但松开后又能恢复如初；用手搓可以搓成圆珠，松开后又恢复原形；锯出来的小细末能揉成团。若是没见过棋楠的人，看到此段描述，还以为是某种软糖。其实这种说法虽然有些夸张，但也表明了绿结这一品种油性之好，所以也叫"油结"，是"上之上"的品种。

从这段描述中，我们不难看出：棋楠的分类和沉香的分类可以对应，生结棋楠就像是沉香的生香；糖结棋楠就是沉香的熟香；虎斑金丝结棋楠就像沉香的速香；最后绿结就相当于黄蜡沉香，两者的质感、性状很相似，区别不过一个绿、一个黄而已。

棋楠和沉香之间有什么不同呢？《粤东笔记》中有独到的解释——阴阳之分。书中说沉香是"牝"，棋楠是"牡"。"牝牡"的意思类似于雌雄，"牝"为雌性，"牡"为雄性。以阴阳之分来区别沉香和棋楠，非常具有中国式哲学的思辨特点。依照东方的哲学理念，万物都有阴阳，阴阳乃是事物的一体两面，阴阳之间有十分微妙的关系：两者相生相灭，循环往复，并长期处于平衡之中，共同组成自然万物。"阴"倾向于聚敛和物质，"阳"倾向于外放和能量，用阴阳来区分沉香和棋楠，实际上点出了两者乃属同一种事物的两面：在自然万物中，有一母就必然有一公。那么沉香是母的，棋楠就是公的。

《粤东笔记》中接着说道：沉香的味道是苦的，药性作用属于顺气方向的。香气平时潜藏在香体中，只有在焚烧或炙烤时才能散发出芳香，这属于"阴体阳用"。沉香的使用是"阴"转向"阳"的过程，它在加热后将有形的物质（香体）转化为无形的能量（香气）。棋楠的味道辛辣、外放，气味甜蜜且浓郁，但是在药性上却能够使人"闭便"，这就是"阳体阴用"。棋楠的使用就是"阳"转向"阴"的过程，它的能量在平时就属于外放状态（香气常温下浓郁），在闻香时能将人体的能量聚集住，形成"阴用"，将气味能量补充给了人体能量。

这套沉香与棋楠的阴阳之辨，是哲学家和道学者的最爱，却是科学家和植物学家的噩梦。理性的唯物主义者必定不会接受这样有些"玄"的解释，文章的说明也有一些牵强的地方，但不管怎样，李调元至少做出了解释。

最后，《粤东笔记》还讲解了棋楠工艺品的收藏和保养。棋楠工艺品（手串、雕件等）一般用锡制作匣子储存，匣子分上下两层，中间有一个多孔的隔层，下层放蜂蜜，上层放棋楠，用于保养蜜气。有时下层也可以放棋楠的香屑，但不能放其他的香屑，容易导致串味。最好是取自本身的棋楠香屑，用它自身的物质保存它的气味精华，即便香屑不多，也足够保持原有特色，香屑越多产生的香气就更浓郁。棋楠不能碰水，也不能遇热风或放置在潮湿处，容易发霉。在不使用的时候，棋楠要收藏好，以免香气消耗殆尽（毕竟作为"阳体"，能量容易外泄）。

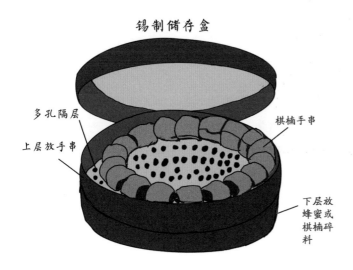

锡制储存盒

多孔隔层

上层放手串

棋楠手串

下层放蜂蜜或棋楠碎料

保存棋楠的锡盒示意图

　　棋楠也好，沉香也罢，如果敞开放置时间长了，香气自然会变淡，这正是天然香料的特点。但在文玩收藏市场上，卖家们有时候以香气浓郁或永不消失作为沉香或棋楠工艺品的卖点，殊不知这反倒是假沉香或添加了香精工艺品的特点。

棋楠工艺品

棋楠工艺品

棋楠工艺品

用蜂蜜、锡盒保养的
棋楠手串

棋楠碎屑

棋楠手串

棋楠手串细节

《粤东笔记》在所有描述棋楠品类的古代典籍中，算是能够比较清晰地说明内容的了，但其中依然有几个令人费解的地方：其一，是关于棋楠的生成。如果沉香木、蚂蚁、石蜜三者能组成棋楠，那么现代人种一棵沉香树，弄些石蜜和大蚂蚁就可以批量生产棋楠了吗？真要如此，今日棋楠的价格恐怕早已和艾草相差无几了。但从古至今也从未有采用这种方式对棋楠进行生产的先例。其二，便是那套区分棋楠和沉香的阴阳理论。阴和阳本身是原理性的概念，用原理来界分实际物质，很难让人切实理解，在日后对棋楠鉴别上也没有作用。换句话说，阴阳理论可以解释任何两种物质的差别，却总是止步于泛泛而谈。

我们暂且把棋楠的生成和它与沉香的差别放于一旁。关于棋楠的产区、分类、收藏、保养等几点，《粤东笔记》大致给了我们一个完整的知识框架。在此基础上，我们还可以再补充一些内容加深说明。

其他典籍对棋楠的补充

《琼州府志》中关于棋楠的说明：

> 伽楠与沉香并生。沉香质坚，伽楠质软，味辣，有脂，嚼之粘齿、麻舌，其气上升。故老人佩之少便溺。上者鹦哥绿，色如鹦毛。次兰花结，色微绿而黑。又次金丝结，色微黄。再次糖结，纯黄。下者曰铁结，色黑而微坚。名虽数种，各有膏腻。匠人以鸡刺木、鸡骨香及速香、云头香之属，车为素珠，泽以伽楠之液，磋其屑末，酝酿锡函中。每能给人。

《琼州府志》中强调了棋楠的几个很重要的特征：质软（铁结除外），口味辣，并具有一定止便的效果。其中"质软"和"口感辛辣"是目前棋楠收藏市场上用于辨别棋楠的两个重要指标。所以，在辨别棋楠的过程中，我们可以通过品尝来鉴别。但各位收藏者需要谨记一点：棋楠一定是质地柔软、口味辛辣的，但质地柔软、口味辛辣的倒不一定都是棋楠。

另外，《琼州府志》在棋楠分类上补充了几个品种：第一级叫"鹦哥绿"，这种棋楠的颜色像鹦鹉的羽毛一样翠绿；第二级叫"兰花结"，颜色是像兰花一样的墨绿色；第三级叫"金丝结"，颜色有些金色发黄；第四级叫"糖结"，为纯黄色；第五级叫"铁结"，黑色且质地坚硬。

用外观颜色来区分棋楠，不仅是古人对棋楠的分类标准，也是如今棋楠在收藏市场上常常被提及的分类方法：绿棋楠、黄棋楠和黑棋楠。其中绿棋楠中又有一种品质称为白棋楠；黄棋楠中颜色较深的又称紫棋楠。

鹦哥绿棋楠

兰花结棋楠

金丝结棋楠

糖结棋楠

铁结棋楠

另外，《琼州府志》中还记录了当时海南的一个有趣现象：匠人们用其他木头做成珠子，再用棋楠的油脂滋润它们，用棋楠的碎屑保养它们，然后冒充棋楠珠子来卖。看来，棋楠制假之事自古便有。

《采访册》记载：

> 伽楠一名琪楠，有疤结、类结之分。疤结者，每结一件，皆有疤痕。类结者，其树久为风雨所折，从此而类。其实均以色绿而彩，性软而润，味香而清。掐之有油，如缎色。或有全黑带绿而沉水者，或有黑绿带速而不沉者，有纯白色者，有纯黄色者。带之，可以避瘴气，治胸腹诸症。实为香中之极品也。

上文写道：棋楠还有"疤结"和"类结"之分。疤结是由于树体被虫子所蛀而结出的，往往带有一个疤痕，也就是沉香的虫眼。类结是香树受风雨损伤后结的香。此段描写也反映了棋楠结香和沉香结香的方式是基本一致的。

从颜色上看，棋楠多数为绿色，质地柔软、润泽，香气清透，油脂饱满。除此之外，还有墨绿、白色、黄色几种。这也就是今日所说的绿棋、白棋、黄棋。《采访册》中认为：佩戴棋楠可以去除瘴气、治疗胸腹等疾病，棋楠是极品香料。

土熟棋肉
也称奇肉，目前是否被归为棋楠，尚有争议

通过整理上述古籍资料，再结合目前收藏市场的现状，我们大体知晓棋楠的种类、分类、品级。接下来，我们来解决最后两个问题：第一，棋楠来自哪里？第二，如何区分沉香和棋楠？

棋楠与沉香的区分方法

我们先从几个感官角度来看看沉香和棋楠的区别。

首先，质地是棋楠和沉香比较大的一个区别。一般情况下，棋楠的质地比较柔软，油脂也比较饱满，只有少数品种会出现质地坚硬的情况，如《琼州府志》中讲的"铁结"，那也是棋楠中品级较低的。沉香中品级较高的质地也会柔软，但是十分难得，古籍中记载的只有黄蜡，数量非常稀少。所以一般情况下，沉香以硬质为主。质地的区别，也就是两者软硬度的差异，是区分两者的第一要素。

第二，气味浓度的差异。棋楠在常温下散发出浓郁的甜蜜香气，也就是古人说的蜜气。沉香在常温状态下香气是较淡的，只有加热后才散发出浓郁香气。从物质挥发性角度来说，棋楠中的强挥发性油脂含量较高，沉香中强挥发性油脂含量较低。在加温香熏时，棋楠所需要的温度低而沉香所需要的温度略高。这种特点差异也是保存方式的差异，所以古籍中有专门谈及棋楠的保存方法，而少有说沉香的。

第三，口感上的差异。当把棋楠放入嘴里咀嚼时，会有辛辣的口感；沉香也有一些辛辣感，不过其程度较棋楠要弱很多。棋楠在嘴中咀嚼到最后会全部溶于口中，但多数沉香咀嚼后会有木渣残留。

第四，药性上的差异。医书中记载：沉香利气、通便；棋楠止便，治疗便溺。

最后，颜色上的差异。棋楠根据颜色的分类方法古已有之，但颜色的变化其实并不是棋楠所特有的，沉香也有不同颜色。例如，《南方草木状》中就形容沉香"根干枝节，各有别色"；再如沉香中的黄熟香、红土，这些名称也都是根据沉香的颜色特征来命名的。两者区别在于，沉香之间不同颜色并会不直接造成它们的等级差异（差异重点还在油脂量上），而棋楠会依照颜色来划分等级。比如在各种颜色的棋楠中，目前以绿棋和白棋最被市场所认可，紫棋和黄棋次之，黑棋最次。

综合上述方法，我们大体可以通过感官感知来区分棋楠和沉香的差异，但要注意的是：两者有时候会有交叉点。例如，产自文莱地区的一种"软丝"黑色沉香，质地柔软，香气在常温下也很浓郁，常常被用来冒充棋楠使用，而沉香收藏界并不认可它为棋楠。如果出现此类混乱的情况，我们鉴别两者的最终秘密武器还是香气品闻的方法。

除了使用一些感官标准来区分棋楠和沉香以外，我们还可以通过检测用数理分析方法来鉴别二者。这就是样本分析法：我们通过收集一定数量的，具有典型性特征的沉香和棋楠样本，对其进行检测并获得数据，从而先从数据上划分出两者的差异。比如，两者的样本在含油量、油脂成分、色谱等参数出现了显著不同，再根据这些数据模型来制定棋楠和沉香在数据上的总体特征。以后，我们如需检测一块香料属于棋楠还是沉香，通过分析它的参数满足于哪个特征便可得知。

海南省于2017年发布的地方标准《沉香质量分级》（LY/T 3223—2020）采用的就是这个办法。目前的成果是将沉香分为沉香Ⅰ型与沉香Ⅱ型（并没有使用"棋楠"二字），其中Ⅰ型沉香的乙醇提取物中含量最高的成分为"沉香四醇"，Ⅱ型沉香中含有两种特殊的色酮类化合物。

以上方法在理论上是行得通的，但实际操作中却困难重重。难点主要在于样本的选择上：所选样本数量是否足够，所选样本品质上是否属于收藏界所说的典型棋楠。所以，即便是目前行业内众多优秀的收藏家提供了很多高品质的样本，还是不能明确地将"棋楠"两个字写入标准之中。

我们退一步说，就算通过这种数据监测的方法已经足够用来界定棋楠了，它在香界里还是难以推广，因为这种检测需要以损伤样本为条件。考虑到棋楠高昂的市场价值，一位棋楠的拥有者是否愿意用损伤收藏品的代价来检测它呢？在用科学的方法鉴别棋楠和沉香上，我们还有很长的路要走。

如今的沉香收藏界主要还是通过外观和气味特点来区分棋楠，其中嗅觉经验是主要的手段。经验丰富的沉香收藏家或从业者可以通过气味、外观来分辨出典型的棋楠和普通沉香，但是这种方法对一些初级的沉香使用者和想要了解棋楠的"门外汉"却并不太友好。

嗅觉是一种主观性非常强的感官。一种气味，不同的人闻到了会有不同的感受，当你试图描绘棋楠的气味时，你如何将气味准确表达出来让人产生共情便是一个大难题。

佛教的禅宗说禅是"如人饮水，冷暖自知"，禅是无法通过语言和文字来传达的，只能是面对面的"顿悟"。棋楠香气的感知就像是这样一种禅，只能通过当场的品闻来顿悟。

品闻香气，认识棋楠

我自然无法邀请每一位读者来共同品闻棋楠，也无法随书赠送棋楠作为品闻样本，那样本书的价格就会非常高昂。我们只能用文字尽可能向各位读者描述一下品闻棋楠时的味道。

接下来我们来品鉴三款棋楠。

海南绿棋楠

原料上炉后，是一种非常强烈的甜蜜感，鼻腔里面瞬间感受到蜜气在急剧地流动和凝聚。紧接着，上颚深处柔软的位置出现了一些微微的辛麻感。很快，凉意出现，轻柔地抚摸喉头，舌头两侧开始分泌津液，情绪上产生了一种心旷神怡的感觉。渐渐地，辛麻感开始变强，蜜气稳定而纯正，拨开浓郁的蜜香，能在香气中找到淡淡的杏仁香。鼻子对蜜香逐渐出现了适应现象，蜜香变成了背景香气，奶香和杏仁香跳跃了出来。这种跳跃充满了活力，使我产生了一种奇妙的想象：温暖的奶香和怡人的杏仁香欢快地跳跃着，围绕在我周围，轻柔地拥抱我。很长一段时间后，清凉和辛麻感逐渐消退下来，蜜香又重新出现，和奶香、杏仁香交织在一起，共同进入一个非常稳定的阶段。这种稳定而悠长的意蕴，仿佛可以持续走向永恒的方向。

品闻棋楠，很难去仔细区分初香、本香、尾香三者的阶段差异，因此必须全情关注，才能尽力感受每一刻的丰富变化。在品闻之后，我在很长一段时间里还能感受到气味依然留存在鼻腔，真如古人所说"绕梁三日而袅袅不绝"。

芽庄白棋楠

上炉后，是一种轻微、淡雅的蜜气，并带有一些芬芳的花香，这种柔雅的甜香非常空灵。它轻巧地出现，当你试图去捕捉的时候，又倏忽消失不见。这种状态持续了一会儿后，清凉感开始出现。这种清凉感并非直接的冰凉，而是带有一种新鲜水果清新欲滴的感觉，犹如雨后的空山，给人"苍翠湿人衣"的想象。之后，微弱的辛麻感开始出现，它出现得毫不突兀，融合在甜、凉的主基调之中，若有若现。慢慢地，奶香和杏仁香也开始显现出来。这种显现也非常稳定，给人一种"它一直待在那里，终于被你发现"的感觉。

在品闻这款香的过程中，我一直等待某一刻，香气忽然绽放，如富森红土或柬埔寨菩萨产区的沉香，都有一种强大的爆发力。但此款香气却自始至终都很平稳，并且给人一种空灵感，而非强烈的表现欲。那种空灵感让人产生了一种没有实质可捕捉的感受：香好像不再是香，而成为一种气，这种气产生不了嗅觉上的直接刺激，但因为某种原因，它却可以直抵内心。这种空灵感像是苏轼所说的"静故了群动，空故纳万境"的意蕴；香气的圆润感又如庄子说的"混沌"，它既没有内在的分别也无外在的边界。

口嚼棋楠粉

将棋楠粉放入口中，用舌尖将它抵到前门牙上，再用前门牙慢慢咀嚼。起先没有任何味道，如同嚼蜡一般。渐渐地，口中产生了苦味，苦味非常浓厚，舌头两侧于是大量分泌出津液。然后舌尖感受到了非常强烈的麻感，这种麻感从舌尖一点炸开，向两侧不断扩散，其中苦味也未曾消失。然后，出现了棋楠的香气，口中的香气和鼻中

海南绿棋楠
这是一款产自海南的绿棋楠样本，颜色为墨绿色，油线饱满、丰富，质地稍软，属于新料，所以香气在常温下也非常浓郁

芽庄白棋楠
芽庄是最标准的棋楠产区，古籍中记载的棋楠就多产于芽庄。这是一款老料芽庄白棋楠，仅就香气而言，此款样本是极为纯粹、干净的棋楠香型

香气的变化不同，香气在口中像是爆炸一样，迅速氤氲了整个口腔，再到鼻腔，我能感受到香味的强烈力量。在不断咀嚼的过程中，香气越来越浓郁，气味的力量感也开始不断加强，直到最后棋楠完全融化于口中。之后的每一口呼吸都带着明显的棋楠气味，最终，舌尖变得麻木无感。

香气和口感是鉴别棋楠的最终方式。品闻或口尝主要是为了找到"棋韵"——一种结合了棋楠独有的悠长香气和辛麻感的味道。这种味道是棋楠的独特所在，一旦品闻，就难以忘记，这同时也是棋楠香最为与众不同的地方。

棋楠从哪里来？

最后，来谈谈棋楠的终极问题：棋楠怎么生成？

我们先看看描写郑和下西洋的《瀛涯胜览》和《星槎胜览》中几段关于棋楠的描述。

> （占城）气候暖热，无霜雪，常如四五月之味。草木常青，山产乌木、伽蓝香、观音竹、降真香。乌木甚润黑，绝胜他国出者。伽蓝香惟此国一大山出产，天下再无出处，其价甚贵，以银对换。——《瀛涯胜览》

> （占城）其国所产巨象、犀牛甚多，所以象牙、犀角广贸别国。棋楠香一山所产，酋长差人看守采取，民下不可得，如有私偷卖者，露犯则断其手。乌木、降香，民下樵而为薪。——《星槎胜览》

> （宾童龙国）……人物、风土、草木、气候，与占城大同小异……地产棋楠香、象牙，货用金银、花布之属。民下编茅覆屋而居，亦如占城。——《星槎胜览》

书中提到的"占城"和"宾童龙国"大约在如今越南中南部，也就是现在沉香芽庄的产区。在描绘这两个地方的物产时，提到了"伽蓝香""棋楠香"，指的都是棋楠。

　　《瀛涯胜览》中说"伽蓝香"只有占城一座大山中有产出，而天下再也没有别的地方有这种香了。《星槎胜览》中也讲明占城有棋楠，而"宾童龙国"与占城气候相似，也有棋楠。从这段说明中，我们可以推测：棋楠这种香须得要在一个比较特殊的环境中才能产出，也只有某个气候、风土特殊的地方才能找到棋楠香。

　　《星槎胜览》中还写了占城人对棋楠的态度。占城所产的象牙、犀牛角很多，可以广泛贩卖到各个国家，山里的乌木、降香，老百姓都可以砍伐并用于燃火之薪，可见这个国家资源之充沛。但是唯有棋楠香，酋长会派人去看守，不让采伐，如果有人偷卖，会受到"断手"的刑罚。

　　从以上两点我们可以推测：第一，棋楠很少，很珍贵；第二，棋楠品质好，所以是统治阶层的专属，成为阶级象征。在一个资源充沛的国家，只有处于顶层的资源，才有这样的价值。

老棋楠雕刻品

从产区上看，棋楠可以被认为是一种在特定地域才能形成的香。这个地域是具有很大特殊性的。《粤东笔记》《星槎胜览》《瀛涯胜览》都记录过棋楠所出的位置，不外乎是海南和越南芽庄两处。而这两处也恰好是目前棋楠收藏市场上所认可的两个棋楠产区。

在各类描述中，棋楠的品质明显高于普通沉香且数量稀少，它与沉香的结香方式也基本相同。考虑到导致沉香结香的菌种不太可能有太大的差异（目前没有研究支持棋楠结香是因某种特殊的真菌），那么可推测这种差异性主要集中在棋楠的母树身上。也就是说，能够结出棋楠香的母树是一种特殊的树且有它独特的分布区域，数量上也十分稀少。

假设这个推理成立，那么棋楠的生成在于它有一种不同于普通沉香的母树，只要找到这种树，就可以找到棋楠，那么棋楠的形成问题也就解决了。

在中国广东地区，有一种被称为"惠东绿棋"的沉香品种，其母树已经被找到，当地人已经开始培育这种树的树苗。孕育的方法主要是通过截取母树的枝丫，嫁接到沉香树的树根上。这种通过种植获得的棋楠树再采用人工干预的方法可以结出香来，而这种香与惠东绿棋这一品种相差不大。这也正好说明了棋楠的获得主要源自母树的特殊性。

惠东绿棋种植原料

　　海南棋楠和芽庄棋楠的母体目前仍然处在神秘的自然迷雾之下，尚未被发现，所以无法大量种植并诱发结香。当然，从收藏价值约等于稀有性的角度来看，棋楠的收藏者应该并不愿意棋楠母树被大规模的发现和使用，最终得到大量的种植棋楠。而未来惠东绿棋这一品种会走向什么方向，目前尚不得而知。

　　最后，我们总结一下：棋楠是一种有着悠久历史的沉香品种，它可以作为品香原料和工艺品制作材料。在目前的沉香收藏市场上，它有着高于沉香的收藏价值，其本身数量也更为稀少。我们可以通过一些方法来最终确定棋楠，但包括"棋楠"二字的最终名称与写法在内，很多内容目前仍然存在着争议，棋楠目前依然属于最为神秘的沉香文化。像"哥德巴赫猜想"一样，它最终可以被证明；但只有在未被证明的时候，它才最具魅力！

第十一章

玩香的终极——鼻观！

品香是一种审美

在讲完了沉香和棋楠之后，我们进入到本书的最后一个部分，我想与各位读者探讨一下香气最终归宿的问题。大家应该都能感觉到：不管品质多么优质的棋楠还是沉香，若是被束之高阁，无人问津，其实并不存在什么价值；好香的价值，就像是好的艺术品需要被欣赏一样，应该被懂香的人闻到，进而让品闻者产生美的感受。若是对香气完全没有感觉的人，那么闻花椒和闻沉香其实并无不同。打个比方：你送一个不识字的老农一张字帖，字帖上究竟是王羲之的真迹，还是你随手的涂鸦，又有什么区别？

香的价值，在于被感知，它需要一个主体去审美。这一点，就如同对诗情的描绘和对画意的品位一样，中国古代文人对香，也有一种独特的审美方式。为了阐释这一审美方式，我们需要先从中国古典文人画中一个有名且有趣的故事开始：

> 东坡在试院以朱笔画竹，见者曰："世岂有朱竹耶？"坡曰："世岂有墨竹耶？"善鉴者固当赏于骊黄之外。

故事说的是苏轼有一次将朱砂混入墨水中，制成了一款红色墨水，一反常规，画出了红色的竹子。别的画家看了，就问苏轼："你怎么能够用红色的墨来画竹子呢？你见过红色的竹子吗？"苏轼反诘："你平时用墨画竹子，你见过黑色的竹子吗？"

苏轼这一反问，问出了中国文人视角下一个非常有趣的艺术现象——我们如何鉴赏美。

一位文人画家画竹子，目的是反映出竹子在视觉中的形象吗？我们在欣赏画作的时候，是以画家对于所画对象的还原程度为标准吗？

如果不是，我们欣赏的和画家画的，究竟是什么？

先说真实性的问题。我们所谓的真实性，一般指的是"眼见为实"的现象。在一般人眼中，看到的竹子是绿色的，所以人们认为竹子肯定是绿色的，这就是真实性。但是很少有人会去深究绿色形成的原因。人们之所以看到竹子是绿色，是因为竹子反

北宋范宽《烟岚秋晓图》（局部）
中国文人画从未尝试过描绘事物的外在真实，
画家力求的永远是精神和美感的传达

射了太阳的光线在人们的眼中形成了绿色。也就是说，我们创造了"绿色"这个概念来描绘光线照射到竹子后反射到我们眼中的样子。所以，人们只是感受到了他们自己看到的竹子，但看到的并不一定就是客观事实。比如，我们在远处看到的湖泊是蓝色的，当我们跳入湖中，却发现周围的水又是透明、清澈的了。

视觉如此，听觉、嗅觉、味觉无不是如此。听觉是我们感受到物体振动的频率，嗅觉和味觉是物质在我们鼻腔和口腔中产生的神经刺激。这些我们所认为的客观真实并不能等同于绝对的真实。

既然看到的、听到的、闻到的、吃到的、摸到的，都不一定是真实的，那么我们如何探讨真实性？在艺术家眼中，客观的真实性并没有那么重要，重要的是它所反映出的部分是否能和美的感知相关联。也就是说，画家不需要全面表现真实（也无法表现），画家需要的是展现事物美的一面。所以在画家眼里，竹子可以是黑色的，也可以是红色的，更可以是白色的。作画的重点在于展现竹子的美感，而不是一味寻求它在人们眼中的颜色是什么。

对于自然绝对真实性的探讨属于哲学范畴的话题，而文人所要表现的是基于其精神价值的美感，一种属于东方文化体系下的审美。在苏轼画竹的故事中，苏轼试图通过绘画的方式来展现竹子的美感，这种美感是否需要反映竹子在人类视觉中的颜色呈现，是由创作者对美的理解来决定的。而在苏轼的理解中，竹子的美并不取决于它的颜色，所以不管是黑色、红色还是绿色，都不重要。因此他说："善鉴者固当赏于骊黄之外"。

鼻观与香笺

本书介绍的不是文人画，也不是文人的诗词。但有意思的是，文人香道中对沉香的感知方式和文人的诗、画有着异曲同工的妙处。接下来要介绍给大家的是一种颇具古典韵味的沉香品鉴与美感的挖掘方式，也是一种对沉香最高级的认知方法。这种方式称为"鼻观"，也就是中国古代文人、哲人的一种品香修行。

首先来解释"鼻观"二字，"鼻"指的是以嗅觉作为媒介的感受，即品闻；重点在第二字"观"上。鼻观中的"观"指两个内容：一是全身心的感受；二是品香后获得的灵魂适意。

朱良志先生在《中国美学十五讲》中讲道：

> 中国美学的重心就是超越"感性"，而寻求生命的感悟。不是在"经验的"世界认知美，而是在"超验的"世界体会美，将世界从"感性""对象"中拯救出来，方为正途。在中国美学中，人们感兴趣的不是外在美的知识，也不是经由外在对象"审美"所产生的心理现实，它所重视的是返归内心，由对知识的涤荡进而体验万物，通于天地，融自我和万物为一体，从而获得灵魂的适意。

鼻观所指的就是通过嗅觉这种媒介对沉香的香气进行品闻，进而体验和感悟，并从香气的对象中返归回自我的内心里，灵魂与香气融于一体，获得适意的过程。

简而言之，鼻观是文人在嗅觉上的审美方法，通过这种方法，可以深度挖掘出香的美感来，并同时获得心灵上的升华。

那么，如何进行鼻观呢？我们让明代一位儒学大家，擅长书画与道学的文徵明来给我们讲解。

焚香

银叶荧荧宿火明，碧烟不动水沉清。

纸屏竹榻澄怀地，细雨轻寒燕寝情。

妙境可能先鼻观，俗缘都尽洗心兵。

日长自展南华读，渐觉逍遥道味生。

文徵明的这首《焚香》所描绘的就是鼻观的过程与前后的感悟。第一句 "银叶荧荧宿火明，碧烟不动水沉清"，讲的是品香之前的状态，"银叶" 代指 "隔火香熏" 之法：以银叶做隔片，有极小的 "宿火"。品闻的香料是 "水沉"，"水沉" 指的是沉香，"清" 为香气的特点，即一种清幽、淡雅的状态。

第二句 "纸屏竹榻澄怀地，细雨轻寒燕寝情" 讲的是品香时的环境，此刻环境舒适，极具禅意。文徵明坐在寺院清净的竹榻上，隔着纸质的屏风，窗外是细雨微寒、春燕轻眠，颇有意境。

第三句 "妙境可能先鼻观，俗缘都尽洗心兵" 讲的便是品香的感悟，也是鼻观的过程。鼻观要感悟到怎样的美感呢？文徵明说是 "妙境"，一种绝妙的境界。从唯物主义历史观的角度看，文徵明自然不会因为闻了一口香气就一下子飘飘欲仙，飞到一个绝妙的环境里面去。文老先生作为著名的儒家学者，想来也不会像方士一样鼓吹自己因为品香而得以飞升。所以这个 "妙境" 指的其实是一种微妙的内心境界，借由沉香的香气，文徵明产生了一种十分有趣且舒适的内心联想。当然这种 "妙境" 究竟是什么？如何产生的？自然是 "不足为外人道也"。"妙" 就妙在它不能说，一说就俗。在产生了这一 "妙境" 之后，文老开始有些飘飘然的感觉，觉得人生的俗事和缘分都不再重要了，心理的斗争和烦恼都停了下来，于是有了 "俗缘都尽洗心兵" 的感受。

最后一句 "日长自展南华读，渐觉逍遥道味生"，讲的是鼻观品香后产生的心理变化。经历了这一次沉香品闻，文徵明仿若经历了一次情感和灵魂上的洗礼，心态上变得更加积极乐观，内心也更加平和与淡雅，乃至产生了如庄子般逍遥自在状态，感觉自己离人生大道又近了一步，于是读起了《南华经》，品味着逍遥和自在。

这首《焚香》讲的就是文人鼻观品香的过程，文辞意境高深，让人颇有带入感。可惜诗词不能传达气味，我们虽然能感受到作者的惬意，但这份惬意却无法真切地传达给我们。

这恰恰是鼻观文化在传播中的尴尬之处，我们用诗传达诗情，用画传达画意，用乐谱来传达音乐之美，可是嗅觉的美感，要如何传达呢？气味可是无法像诗词、书画和乐谱一样被记载纸上的。

面对这些问题，中国古代匠心独具的文人们很快想出了办法：谁说书面无法传递气味，我们偏要造出一种能够表达香气并且传递品香情感的文字表述方法，于是便产生了"香笺"。

"香笺创作"是一种通过鼻观来记录气味审美的方法。如今也被用于棋楠、沉香这样名贵香料的收藏与品鉴之中。

香笺创作

通过香笺文化，我们可以对香气进行审美，内化而形成感知，将感知记录下来，并传递出去。这一过程将对香气长篇累牍地描述，转化为更为深刻的，具有画面感的"意境"描绘，如此让人更能深刻记忆。

接下来，我们就来具体讲解鼻观的方法和香笺的创作过程。

先是准备工作：

首先，准备一款沉香，作为我们的品鉴对象。

然后，选择出香方法。鼻观最好采用近鼻品闻的方式，我们使用无烟的"隔火香熏"来进行。

接着，静思。品香以前，需要努力保持内心的平静和专注，去除杂念，将内心放空，如同冥想的状态。

最后，准备一支笔和一张纸，作为记录。

准备妥当后，我们开始品香。

鼻观品香的原则是三次品香，每一次都加深对香的感悟：

第一品，也称下品。下品在本，品香末，也就是香气本身。在品闻时，调用自己全部的注意力，关注鼻下传递上来的香气。让鼻子充分吸收香气，尽力捕捉香气在感官上带来的细微变化，以及由此产生的生理、心理及情绪上的感受，并予以记录。

第二品，也称中品。中品在境，品香境，也就是文徵明所说的"妙境"。此时品香，牢牢抓住第一品时带来的感受，但不要继续停留在浅层的嗅觉感受上，要尽力让自我感知和气味融于一体，去除"我"与香的边界。香不再是感知对象，"我"也不再是感知的主体，让气味和自我融为一体，感受气味引领自己能产生的一切念想。当各种念想产生时，会带领自己由此而产生新的内心活动，此刻千万不要禁锢自己的想象和记忆，让思想肆意遨游，将自我意识尽量缩小，并处于一旁，尽力把握这种情感和思想在转瞬间产生的火花。然后让内心的画面产生：一段记忆，一个想象中的场景，一个人，一段往事。无论产生怎样的情感及心理变化，都忠实地面对它，并予以记录。

第三品，也称上品。上品在意，品香意，这是在第二品基础上的回归。此时品香，先回到在第二品时所处的内心画面中去，再让自我意识重新放大。在捕捉这个画面的同时，以自问的方式回归内心，自问自己如何能用最凝练、精准的语言概括此时的心境状态，并记述下来。这种记述千万不要事无巨细，需要学会取舍，文字内容仅仅用于表达出你此刻的感受（也即你此刻的内心境界），而无须考虑文字的逻辑性是否能被他人读懂。

品香

三品过后，继续思考，将第三品所迸发出的思想内容进行再次总结，形成内容记录到香笺上，最终完成香笺的创作。

整个过程是一个从品闻到想象再到思考的过程，通过这种方式将气味内化再表述的过程。由于每个人的内心世界有所不同，所以即便是同一款香，不同的人也会有不同的表述。而由此产生的心灵感受，会给人带来一种精神上的洗涤感。

采用这种方法感知一款沉香，才能达到鼻观的高度，也能从香气中读出更多有趣的东西。

鼻观的价值与意义

鼻观这种中国文人对气味的美感进行把握的方式形成于唐代，盛行于宋明。鼻观用的香料以沉香为主，但又不拘泥于沉香。实际上，在鼻观的时候，品闻者并不在乎用到的是什么样的香，在乎的是用香时的心境变化和审美能力。当然，所用香料还是需要具备嗅觉上的美感的，否则让人产生了厌恶之情，那便不是审美，而是"审丑"啦。

中国古代的文人雅士们很早便了解了鼻观的作用，并形成了一种"以香论道"的方式，也就是"香席"。

史料中有记载明代的高人逸士在自己的家中普遍修筑一间"静室"，其作用便是鼻观。如有来人，便可以进行"……有禅客与之炉薰隐几、散虑忘情……"的品香活动。在这一活动中，香客们互相勘验学问，探索心性和境界，气味此时的作用是一种直达心灵的媒介。鼻观品香的方式类似命题作文，以鼻中闻到的气味做引子，目的是展现自我内心的修养与境界，并以此境界交流互通，达成对生命美感的追寻。这种交流方式在中国古代的文人之间并不少见，伯牙子期的"高山流水觅知音"是其中的典型，鼻观与此的差别，也只是香气和琴声作为媒介的不同而已。

由于在经历了如此品香之后，人的内心总会回归到清净之中，所以这种方法也被称为"习静"。在习静后，文人们的内心得到了一些感悟，相互之间进行了人生境界的分享，此种方式称为"课香"。在课香的过程中，文人们相互"勘验学问，研究心性"，获得更加深入的学习和自我精神的提升。

香席，便是从鼻观到习静再到课香的过程。这一过程不仅可以训练心境，同时也是古代文人之间相互休闲、论道的方法，其中甚至蕴含一些勘选人才的意味。香席虽然流行的范围并不广泛，但的确具备了中国传统文化的古典美感，因而流传至今。

沉香和棋楠都是非常适合香席来用的：它们的香气丰富、多样，韵味悠长，清新而悠远，符合中式的审美；同时它们属于名贵香料，不常见，不容易让人形成刻板的认知。比如，大家闻到艾草或桂花，太过熟悉，香气指向性太强，不容易产生鼻观型的联想。香席的出现也让沉香的收藏者们有了一种更加特殊的沉香收藏方式，收藏一种独特的气味并将它的美感展现出来，相互交流。

沉香和棋楠的终极归宿是什么，玩香者喜爱它们，也许会有各种因素的考虑：历史文化价值、商业价值、美感、稀缺性等。但无论我们看中的是哪一点，最后都将回归人的情感和灵魂。从这个意义上而言，沉香和棋楠的终极价值，永远都是它们的气味，因为气味才是沉香和棋楠最能区别于其他收藏品的内容，也只有通过气味，才能让人感受到它们最终极的美。

沉香人物雕刻

沉香如意

沉香山子

第十二章

沉香与棋楠手绘图谱

本书中所记录古籍中沉香与棋楠，名称样式见多，有些难得实物，故根据经验手绘五十五种沉香类型，供爱香者参考。

沉香
《南方草木状》："木心与节坚黑，沉水者，为沉香……"
《本草图经》中记载："坚黑而沉水者，为沉香。"故沉香特点必为黑色且沉水

乌文格
《天香传》："乌文格，土人以木之格，其沉香如乌文木之色而泽，更取其坚格，是美之至也。""木格"乃树心部位，此类沉香黑而具有光泽，坚硬而油脂丰厚

栈（笺）香

《南方草木状》道沉香树干部所结之香，为栈香。《天香传》形容其"芒角锐利"。栈香乃一类香之总称。"昆仑梅格"亦栈香

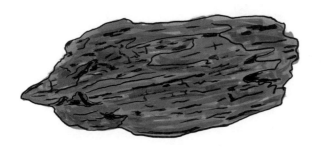

黄熟香

沉香树根部所结香乃黄熟香。香体常大块，色黄

生结

生结乃香农以刀斧斫伤沉香树后所结之香，形状多样，表面均有刀斧伤痕

熟结

《本草纲目》记载: "曰熟结, 乃膏脉凝结自朽出者……" 熟结乃死亡香树中获得的香体。《铁围山丛谈》道熟结乃 "自然其间凝实者也", 故熟结亦有自然结香之意

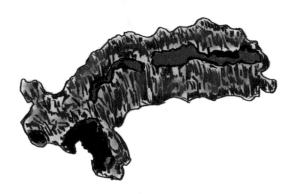

虫漏

虫漏亦可称为虫结、蛊漏。《崖州志》记载: "虫结者, 因虫食而结。" 虫漏乃香树由虫咬而结的香体

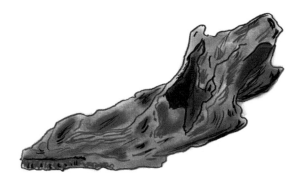

脱落

《本草纲目》云: "曰脱落, 乃因木朽而结者。" 脱落因香体从香树中脱落出来而得名

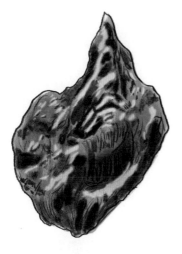

马蹄香

《南方草木状》中称："其根节
轻而大者，为马蹄香。"故此香
质轻而块大，因状似马蹄（荸荠）
而得名

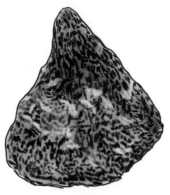

燕口香

《通典》称沉香："如燕口者，
为燕口沉。"此香外形小巧，如
燕子的嘴部

茧栗

《本草纲目》云此香外形酷似茧
栗而得名

竹叶
《本草纲目》云此香外形酷似竹
叶而得名

芝菌
《本草纲目》云此香外形酷似芝
菌而得名

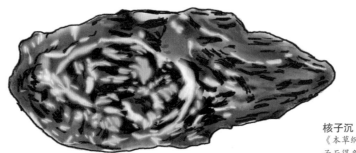

核子沉
《本草纲目》云此香外形酷似核
子而得名

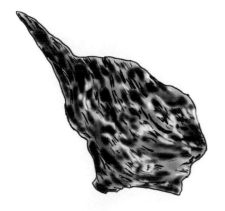

附子沉
《本草纲目》云此香外形酷似附子而得名

石杵
《本草纲目》记载此香"海岛所出，有如石杵，如肘如拳"，故得此名

生香
凡活树体内获得的香体，皆可称为生香，或称未完结之香

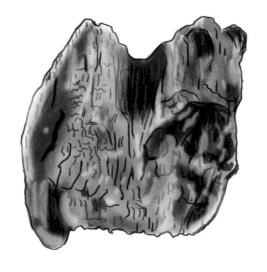

熟香

凡香体离开活树或结香后树体死
亡后得到的香体，皆称为熟香，
或称完结之香

树心油

于香树树心部分获得的香体称为
树心油，此香往往小而重

板头

香树横截面出现伤口而结出的大
而薄的香体，称为板头。香农亦
根据品质高低划分而将其称为铁
头、老头

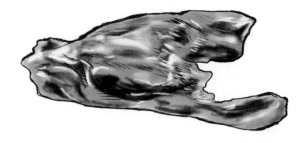

棋肉

熟结棋楠的一种，也常归为红土
沉香中的一种，尚无定论

蓬莱香

《本草纲目》云："有大如笠者，
为蓬莱香。"此香乃栈香中一种

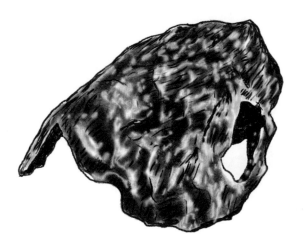

壳子

此香小而薄，如小壳子，因形得
名，故称壳子香

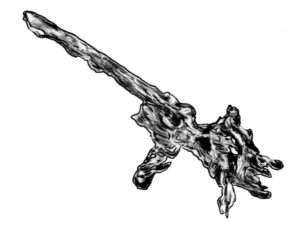

倒架
由死亡且倒下的香树中获得的香体，称为倒架

土沉
熟香于土壤中熟化后的香体，称为土沉，常见各种颜色，以红褐色为主

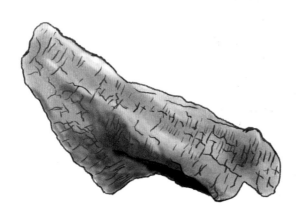

黄土
表面颜色发黄的土沉香，称为黄土沉

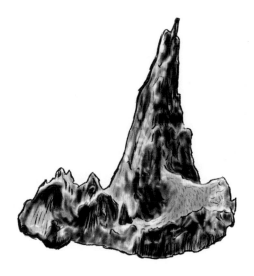

犀角沉
《通典》中称此香外形酷似犀角，
故名犀角沉

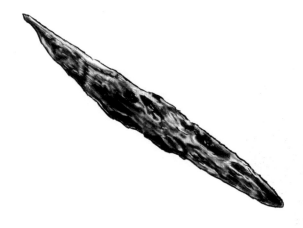

梭沉
《通典》中称此香外形酷似梭，
故名梭沉

革沉
《本草纲目》中称沉香横纹者
为革沉，此香纹坚而理致

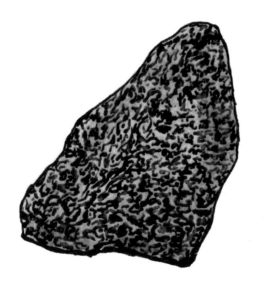

鹧鸪斑

《本草衍义》中记载此香："……
复以锯取之，去白木，其香结为
斑点，遂名鹧鸪斑，燔之极清烈。"
此香因香体上的油脂如斑点，酷
似鹧鸪羽毛而得名

虎皮沉

此香记载于《粤东笔记》中，外
表黑色与黄色交杂，如同虎皮斑
纹。高品级者称为虎皮沉，低品
级者称为虎皮速

蛇

《本草纲目》云此香外形酷似蛇
而得名，乃栈香中一种

牛头沉

《本草纲目》云此香外形酷似牛
头而得名

光香

《本草纲目》称此香："有如山
石枯槎者，为光香。"此香品质
次于沉水

云气

《本草纲目》云此香外形酷似云
气而得名

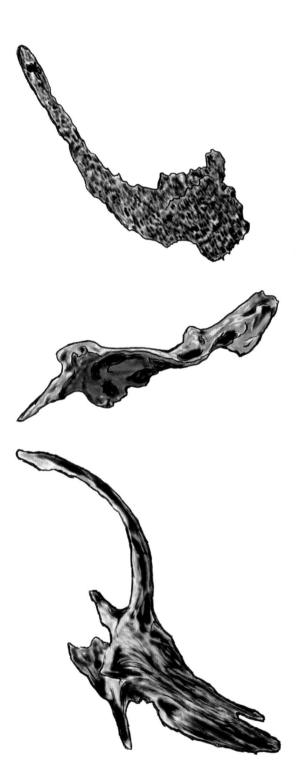

斧头沉
此香香体外形酷似斧头，为生结
沉香中的一种

鸡骨香
《南方草木状》载："与水面平
者，为鸡骨香。"此香香体密度
较低，《本草纲目》称此香外形
酷似鸡骨，故得此名

凤雀
《本草纲目》云此香外形酷似凤
雀而得名

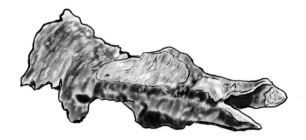

速香

速香乃一类香，结香时间较短，香体品质低、油脂少的，皆可称为速香

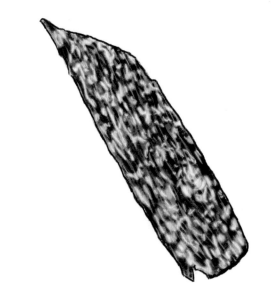

青桂

《南方草木状》："细枝紧实未烂者，为青桂香。"

《本草衍义》："依木皮而结者，谓之青桂，气尤清。"此香外形薄如树皮，常常依附树皮而结香，香气尤为清凉、透彻

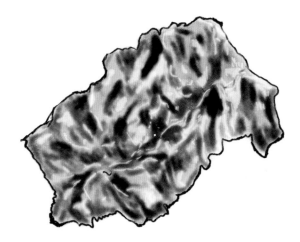

花铲

花铲乃一类香之总称，此类香香体表面油脂与白木交错，呈花斑状，由于常常带有刀铲理香的痕迹，故称为花铲，品级不高，见载于《本草纲目》

磨料

磨料、烧料，皆是一类细碎的沉香，主要用于磨粉、烧香二用。见载于《本草纲目》

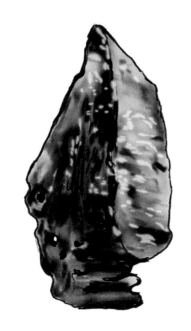

黄蜡

《本草衍义》记载："亦有削之自卷，咀之柔韧者，谓之黄蜡沉，尤难得也。"黄蜡乃蜡沉一种，以油脂含量丰富，香体质感如蜡而得名

茅叶

《天香传》云此香外形酷似茅叶而得名

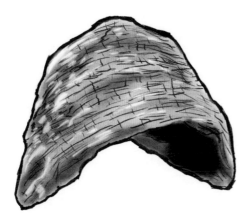

龙鳞
《本草衍义》记载："在土中岁久，不刓剔而成者，谓之龙鳞。"此香乃熟香中一种

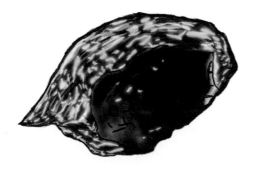

牛目
《本草纲目》云此香外形酷似牛目而得名

伞竹格
《天香传》云伞竹格因如伞竹状，色白而黄，故得名

绿棋楠
棋楠中一种，多产于中国海南、
越南芽庄，外表偏绿色

白棋楠
棋楠中一种，多产于中国海南、
越南芽庄，外表偏白色

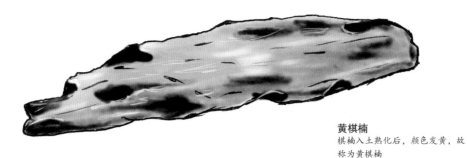

黄棋楠
棋楠入土熟化后，颜色发黄，故
称为黄棋楠

鹦哥绿
鹦哥绿乃棋楠中一种,《琼州府志》云棋楠:"上者鹦哥绿,色如鹦毛"

兰花结
兰花结乃棋楠中一种,《琼州府志》云棋楠:"次兰花结,色微绿而黑"

金丝结
金丝结乃棋楠中一种,《琼州府志》云棋楠:"又次金丝结,色微黄"

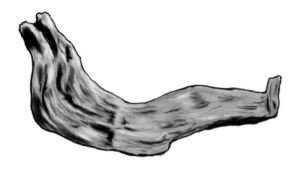

糖结

糖结乃棋楠中一种，《琼州府志》
云："再次糖结，纯黄"

铁结

铁结乃棋楠中一种，《琼州府志》
云棋楠："下者曰铁结，色黑而
微坚"

后记

2012年的时候，我写过一本《沉香收藏入门百科》，正巧赶上当年的收藏热潮，书销得很好，几度脱销，出版社非常满意。当时年少的我也特别得意，然而现在再去读来，却觉得写得着实乏味无趣。就选题而言，《沉香收藏入门百科》算是将题目说清楚了，但也只限于此了，沉香的内容其实远不止书中说的这么简单而粗浅。

2012年至今，我又写了很多书，但是再没碰过香的题材，自己从业时间越长，越是不知道从何写起。如今十年过去，却又给了自己这么一个命题，今日再写沉香，已经不是当初想要完成任务的心态，而是想着如何才能将沉香写得与众不同，如何才能真正地表现出沉香文化的精髓。

十年的从业经历，让我的记忆装满了沉香相关的内容，本来想着再写应该信手拈来，可实际却是：想得越多，越不知道从何落笔。于是，这本书花费了我很长的时间去思考，写作的过程也持续了很久，几易其稿才终于得到如今的版本。书名叫"玩香"，也是思索良久的结果。在从业的过程中，我感觉到中式香学确实是一个颇为有趣的行业，既然有趣，那就要玩起来，好好地玩，用心地玩。本书是我多年从业的总结，除了本书以沉香、棋楠和鼻观为主题，计划还要出版两本：和香主题与器礼主题。三个主题基本涵盖了我在此行业多年的沉淀。

最后，感谢瑀童为本书视觉设计提供的帮助。希望大家能喜欢本书，也希望这本书让大家在香的世界里尽兴地玩起来！

张起

2022年7月1日